REGRESIÓN LINEAL SIMPLE EN BIOESTADÍSTICA

Santiago Ríos
Marta Cubedo

Departamento de Genética,
Microbiología y Estadística
Universidad de Barcelona

447   TEXTOS DOCENTS

UNIVERSITAT DE
BARCELONA
Edicions

Universidad de Barcelona. Datos catalográficos

Ríos, Santiago (Ríos Azuara), autor

Regresión lineal simple en bioestadística. – (Textos docents ; 447)

A la portada: Departamento de Genética, Microbiología y Estadística, Universidad de Barcelona

ISBN 978-84-1050-043-3
Inclou bibliografia

I. Cubedo Culleré, Marta, autor II. Universitat de Barcelona. Departament de Genètica, Microbiologia i Estadística III. Títol IV. Col·lecció: Textos docents (Universitat de Barcelona) ; 447
1. Anàlisi de regressió 2. Biometria 3. Educació superior

© Edicions de la Universitat de Barcelona
Adolf Florensa, s/n
08028 Barcelona
Tel.: 934 035 430
www.edicions.ub.edu
comercial.edicions@ub.edu

ISBN: 978-84-1050-043-3
Depósito legal: B 23087-2024
Impresión: Gráficas Rey

Índice

PRÓLOGO

Muchos científicos y estudiantes que se dedican al estudio de las Ciencias de la Vida y Farmacología consideran la Estadística como una disciplina fundamental en su trabajo cotidiano. Sin embargo, muchos de ellos manifiestan cierta inseguridad en el tratamiento estadístico de sus resultados, lo que los lleva a realizar consultas sobre Estadística a los profesionales de Análisis de Datos. Todas estas razones nos han conducido a elaborar esta colección de problemas de regresión lineal simple, basados en la experiencia. Los datos utilizados corresponden a situaciones reales, lo que hace que el tema resulte más motivante y comprensible para el lector. Para seguir los temas tratados solo se necesita un conocimiento muy básico de Estadística, aunque diseñamos y analizamos los problemas de una manera formal y rigurosa. En cada uno de los problemas resueltos, los cálculos se realizan con el software libre R.

Capítulo 1

REGRESIÓN Y CORRELACIÓN

1.1. Regresión lineal entre dos variables aleatorias

En muchos casos, dadas dos variables aleatorias, X, Y, resulta interesante relacionar linealmente la Y y la variable X. Para ello, debemos encontrar la combinación lineal de X, de modo que se ajuste de la mejor forma posible a Y, $\tilde{Y} = \alpha + \beta X$. El criterio para obtener la combinación lineal será el de los mínimos cuadrados:

$$F(\alpha, \beta) = E(Y - \alpha - \beta X)^2 = \text{mín.}$$

Con lo que se obtiene

$$\beta = \frac{cov(X,Y)}{var(X)} \qquad \alpha = E(Y) - \beta E(X).$$

1.2. Coeficiente de correlación de Pearson

El grado de relación lineal entre X, Y se cuantifica por el coeficiente de correlación ρ cuyo valor viene dado por la siguiente expresión:

$$\rho^2 = \frac{cov^2(X,Y)}{var(X)var(Y)}.$$

Se considera que es el porcentaje de variabilidad de la Y, que depende de la X.
Las propiedades de este parámetro son:

(a) $-1 \leq \rho \leq +1$.

(b) $\rho^2 = 1 \Rightarrow Y = \alpha + \beta X$.

(c) Si $\rho^2 = 0$, se dice que las variables están incorrelacionadas. En particular, si son independientes, $\rho = 0$. El recíproco, en general, no es cierto.

(d) El coeficiente de correlación es invariante por transformaciones lineales de las variables, es decir, $U = \mu + \lambda X$, $V = \mu' + \lambda' Y \Rightarrow \rho' = corr(U,V) = \rho = corr(X,Y)$.

1.3. Varianza residual

La varianza residual $\tilde{\sigma}^2$ es el residuo del modelo, es decir, la varianza de la variable aleatoria $Y - \tilde{Y}$, diferencia entre variable dependiente y la determinada por la recta de regresión. Su valor se puede calcular a partir de la expresión $\tilde{\sigma}^2 = \sigma_Y^2(1 - \rho^2)$, $\sigma_Y^2 = var(Y)$. Es la varianza de la variable aleatoria $(Y/X = x)$. La raíz cuadrada de la varianza residual se conoce como error típico.

Capítulo 2

INFERENCIA SOBRE LA REGRESIÓN

En la práctica, para analizar la relación lineal entre la X y la Y, que supondremos normales y bivariantes, partimos de una muestra de n pares de observaciones de la variable (X, Y) (Tabla 1).

Tabla 1

Observaciones	X	Y
1	x_1	y_1
2	x_2	y_2
$\vdots$	$\vdots$	$\vdots$
n	x_n	y_n

2.1. Estimación de parámetros

Tanto los parámetros de la regresión, coeficientes α, β, como el coeficiente de correlación ρ y varianza residual $\tilde{\sigma}^2$, deben estimarse a partir de la muestra. Sus estimaciones son a, b, r y $\tilde{s}^2$, respectivamente.

$$b = \frac{s_{xy}}{s_x^2}, \; a = \bar{y} - b\bar{x}, \; r = \frac{s_{xy}}{s_x s_y}, \; \tilde{s}^2 = s_y^2(1 - r^2),$$

donde

$$\bar{x} = \frac{1}{n}\sum_{i=1}^{n} x_i, \; \bar{y} = \frac{1}{n}\sum_{i=1}^{n} y_i, \; s_x^2 = \frac{1}{n}\sum_{i=1}^{n}(x_i - \bar{x})^2, \; s_y^2 = \frac{1}{n}\sum_{i=1}^{n}(y_i - \bar{y})^2, \; s_{xy} = \frac{1}{n}\sum_{i=1}^{n}(x_i - \bar{x})(y_i - \bar{y}).$$

2.2. Contrastes en regresión

En general, interesa conocer si las variables analizadas están incorrelacionadas; para ello, nos planteamos realizar el siguiente contraste de hipótesis:

$$H_0 : \rho = 0 \quad \text{vs.} \quad H_1 : \rho \neq 0. \tag{1}$$

Si H_0 es cierta, el estadístico

$$t = \sqrt{n-2}\,\frac{r}{\sqrt{1-r^2}}$$

sigue una distribución T de Student con $n-2$ grados de libertad, donde n es el tamaño muestral.

Rechazamos H_0 a nivel de significación ϵ si $|t| > k$, siendo k un valor real que cumple $p(T > k) = \frac{\epsilon}{2}$.

El contraste de hipótesis (1) es equivalente al contraste: $H_0 : \beta = 0$ vs. $H_1 : \beta \neq 0$, siendo β la pendiente de la recta de regresión.

2.3. Intervalos de confianza para la predicción y para la media

El intervalo de confianza para el verdadero valor de la predicción de la variable dependiente Y, para un valor determinado de la variable aleatoria $X = x_0$, con un nivel de confianza $1 - \epsilon$, viene dado por:

$$y_0 \pm t(\epsilon)\sqrt{\frac{n}{n-2}}\,\tilde{s}\sqrt{1 + \frac{1}{n} + \frac{(x_0 - \bar{x})^2}{n\,s_x^2}}.$$

El intervalo de confianza para el verdadero valor de la media de la variable $Y/X = x_0$, con un nivel de confianza $1 - \epsilon$, viene dado por:

$$y_0 \pm t(\epsilon)\sqrt{\frac{n}{n-2}}\,\tilde{s}\sqrt{\frac{1}{n} + \frac{(x_0 - \bar{x})^2}{n\,s_x^2}},$$

donde $y_0 = a + b\,x_0$ y $p(T > t(\epsilon)) = \frac{\epsilon}{2}$.

Los estimadores a, b de α, β tienen por varianza estimada, respectivamente:

$$\widehat{var(b)} = \frac{\tilde{s}^2}{\sum_{i=1}^{n}(x_i - \bar{x})};\quad \widehat{var(a)} = \frac{\tilde{s}^2 \sum_{i=1}^{n} x_i^2}{n\sum_{i=1}^{n}(x_i - \bar{x})^2};\quad \widehat{cov(a,b)} = \frac{-\tilde{s}^2\,\bar{x}}{\sum_{i=1}^{n}(x_i - \bar{x})^2}.$$

Los intervalos de confianza para el verdadero valor de β y α son, respectivamente:

$$b \pm \frac{t(\epsilon)\tilde{s}}{s_x\sqrt{n-2}} \qquad a \pm t(\epsilon)\tilde{s}\frac{\sqrt{\sum_{i=1}^{n} x_i^2}}{s_x\sqrt{n(n-2)}}.$$

Capítulo 3

MODELO LINEAL

La regresión de una variable Y sobre otra X puede ser desarrollada como modelo lineal, donde Y es una variable aleatoria observable y X es una variable controlada por el experimentador, la designaremos como x y no le exigimos normalidad. La mayoría de los resultados en los puntos anteriores son válidos también para este caso y los resultados que vamos a exponer a continuación son asimismo válidos siempre y cuando x sea una variable controlada.

Capítulo 4

COEFICIENTE DE CORRELACIÓN DE SPEARMAN

El coeficiente de correlación de Spearman es una medida estadística de la relación monótona entre datos apareados.

Su interpretación es similar a la de Pearson. Si r_s es el coeficiente de correlación de Spearman, $0 \leq |r_s| \leq 1$. Cuanto más cerca esté el valor absoluto a 1, más fuerte será la relación monótona.

El cálculo del coeficiente de correlación de Spearman y la significación posterior requiere que se cumplan los siguientes supuestos sobre los datos observados:

1. Los datos deben ser ordinales.
2. A diferencia de la correlación de Pearson, no existe el requisito de normalidad bivariante de (X, Y), por lo tanto es una estadística no paramétrica.

El coeficiente de correlación de rango de Spearman, denotado por r_s, se puede calcular aplicando la siguiente fórmula:

$$r_s = 1 - \frac{6 \sum_{i=1}^{n} d_i^2}{n(n^2 - 1)},$$

donde d_i es la diferencia en los rangos de los dos valores asociados de las dos variables asociadas.

En el caso del par observado $(x_i(j), y_i(k))$ que ocupan los lugares j y k respectivamente, $d_i = j - k$, $i = 1, \ldots, n$.

Capítulo 5

PROBLEMAS

Problema 1

Portmán es una localidad de la Región de Murcia situada a orillas del mar Mediterráneo donde se explotaron minas de plomo. Los residuos de la explotación minera se vertieron al mar en su bahía, lo que produjo su contaminación. Un laboratorio ha investigado recientemente el pH de sus aguas y su relación con la distancia en kilómetros desde los puntos donde se obtuvo la muestra de agua a la costa. Los resultados aparecen en la siguiente tabla:

km	4,5	15,5	31,2	39,6	54,1	56,1	66,7	81.0	82,1
pH	3,20	3,60	4,09	4,18	5,57	5,70	6,04	7,37	7,89

1. ¿Cuál es la variable dependiente?
2. Representar los datos de la tabla en un sistema de coordenadas cartesianas. Analizar las características del gráfico que se consideren más interesantes.
3. Calcular el coeficiente de correlación muestral. Analizar, a un nivel de significación del 0,1%, si existe relación lineal entre la distancia y el *pH*. Explicar los valores obtenidos.
4. Estimar la recta de regresión que relaciona la distancia con el *pH*.
5. Obtener una estimación del *pH* en los siguientes lugares: a distancias de 0 km, 50 km y 100 km de la costa. Comentar los resultados.
6. Obtener un intervalo de la predicción realizada para 50 km al 95% de confianza.
7. Obtener un intervalo de la media de los valores del *pH* del agua a 50 km al 95% de confianza.
8. ¿Entre qué valores se encuentra el *pH* a 50 km de la costa con probabilidad 0,95?

Solución:

1. La variable dependiente es *pH*.

   Representamos en el eje de abscisas la distancia (D) en km y en el eje de ordenadas el *pH*. A medida que la distancia aumenta, el *pH* también lo hace (figura 1).

2. Representación gráfica de los datos.

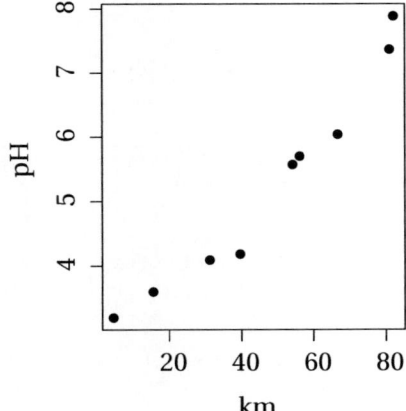

Figura 1. Relación pH-distancia.

3.

$$r = \frac{\frac{1}{n}\sum_{i=1}^{n} x_i y_i - \left(\frac{1}{n}\sum_{i=1}^{n} x_i\right)\left(\frac{1}{n}\sum_{i=1}^{n} y_i\right)}{\sqrt{\frac{1}{n}\sum_{i=1}^{n} x_i^2 - \bar{x}^2}\sqrt{\frac{1}{n}\sum_{i=1}^{n} y_i^2 - \bar{y}^2}} = 0{,}972$$

$$\sum_{i=1}^{n} x_i y_i = 2632{,}05; \quad \sum_{i=1}^{n} x_i = 430{,}8; \quad \sum_{i=1}^{n} y_i = 47{,}64; \quad \sum_{i=1}^{n} x_i^2 = 26626{,}42; \quad \sum_{i=1}^{n} y_i^2 = 273{,}966; \quad n = 9$$

$$t = \sqrt{n-2}\,\frac{r}{\sqrt{1-r^2}} = 10{,}975.$$

Al consultar la tabla de la T de Student con 7 g.l., se tiene: $p(|T| > 5{,}408) = 0{,}001$. Puesto que $|10{,}9745| > 5{,}408$, podemos aceptar que a un nivel de significación del 0,1%, hay relación lineal entre la distancia y el pH.

El coeficiente de correlación es positivo, lo que confirma que, a medida que la distancia aumenta, el pH también lo hace. El valor absoluto de t es muy superior al obtenido en las tablas, por lo que podemos considerar que la relación lineal es fuerte.

4.

$$b = \frac{\frac{1}{n}\sum_{i=1}^{n} x_i y_i - \left(\frac{1}{n}\sum_{i=1}^{n} x_i\right)\left(\frac{1}{n}\sum_{i=1}^{n} y_i\right)}{\frac{1}{n}\sum_{i=1}^{n} x_i^2 - \bar{x}^2} = 0{,}0585604, \quad a = \bar{y} - b\,\bar{x} = 2{,}49024$$

$$pH = 2{,}490 + 0{,}059 \text{ km}$$

5. A 0 km: $2{,}490 + 0{,}059 * 0 = 2{,}490$. A 50 km: $2{,}490 + 0{,}059 * 50 = 5{,}418$. A 200 km: $2{,}490 + 0{,}059 * 200 = 14{,}202$.

   El resultado para 200 km no tiene sentido, por lo que no se debe considerar.

6. El intervalo de confianza para el verdadero valor de la estimación de 50 km es:

$$5{,}419 = \pm t(0{,}05)\sqrt{\frac{9}{7}}\,\tilde{s}\sqrt{1 + \frac{1}{9} + \frac{(50 - 47{,}86666667)^2}{9 * 667{,}2733333}}.$$

Como $t(0{,}05) = 2{,}306$ y la estimación de la varianza residual $\tilde{\sigma}^2$ es $\tilde{s}^2 = s^2(1 - r^2)$. $\tilde{s} = \sqrt{2{,}421288889 * (1 - 0{,}972148)}$, el intervalo de confianza es:

$$I = (5{,}419 \pm 1{,}0311) = (4{,}388 \div 6{,}450).$$

7. El intervalo de confianza para el verdadero valor de la media del pH del agua a 50 km es:

$$5{,}419 \pm t(0{,}05)\sqrt{\frac{9}{7}}\,\tilde{s}\sqrt{\frac{1}{9} + \frac{(50 - 47{,}86666667)^2}{9 * 667{,}2733333}}.$$

Como $t(0{,}05) = 2{,}306$ y la estimación de la varianza residual $\tilde{\sigma}^2$, es $\tilde{s}^2 = s^2(1 - r^2)$. $\tilde{s} = \sqrt{2{,}421288889 * (1 - 0{,}972148)}$, el intervalo de confianza es:

$$I = (5{,}419 \pm 0{,}328) = (5{,}091 \div 5{,}747).$$

8. La variable aleatoria $H = (pH/D = 50)$ se distribuye según una Normal de media, la estimación obtenida en el apartado 4 y varianza, la residual; $H \sim N(\mu = 5{,}418; \sigma = 0{,}260)$. Por consiguiente:

$$p(5{,}418 - 1{,}96 * 0{,}260 \leq H \leq 5{,}418 + 1{,}96 * 0{,}260) = 0{,}95$$

El intervalo buscado es $I = (4{,}9077 \div 5{,}9283)$.

El significado de los intervalos obtenidos en los apartados 6 y 8 es distinto. En el apartado 8 se indica aproximadamente, entre qué valores se encuentra la variable pH condicionada a $D = 50$, con probabilidad 0,95 y en el apartado 6 se obtiene un intervalo de confianza para la verdadera predicción de pH al 0,95 de confianza. La longitud del intervalo obtenido en 6 tiende al obtenido en 8, cuando el tamaño muestral tiende a infinito.

Resolución en «R»

Entrada de datos

Dist <−c(4.5, 15.5, 31.2, 39.6, 54.1, 56.1, 66.7, 81.0, 82.10)

pH <−c(3.20, 3.60, 4.09, 4.18, 5.57, 5.70, 6.04, 7.37, 7.89)

Significación del modelo lineal

reg1 <−lm(pH ~ Dist)

summary(reg1)

Representación gráfica

plot(Dist,pH,xlab="Km.",ylab="pH",pch=19)

Cálculo de la correlación Pearson y nivel de significación

modelo <−lm(pH ~ Dist)

cor(Dist, pH)

cor.test(Dist, pH)

Cálculo de la región crítica para el coeficiente de correlación a nivel de significación del 0,001

qt(0.9995, 7, lower.tail=TRUE)

qt(0.0005, 7, lower.tail=TRUE)

Intervalos de confianza

confint(reg1,level=0.95)

newdata <−data.frame(Dist=c(0,50,100,200))

Intervalos de confianza para la predicción

predict(reg1, newdata, interval='prediction',level = 0.95)

Intervalos de confianza para la media

predict(reg1, newdata, interval='confidence',level = 0.95)

Contraste para la pendiente (tabla ANOVA)

reg1.aov <−anova(reg1)

reg1.aov

Predicción del pH a 50 km

new <−data.frame(Dist=50)

mu <−predict(reg1,new)

sd <−sqrt(reg1.aov[2,3])

Intervalo de confianza de la predicción del pH a 50 km a nivel del 0,95

LI <−qnorm(0.25,mu,sd)

LS <−qnorm(0.975,mu,sd)

c(LI,LS)

Problema 2

Se supone que la relación entre dos variables x e Y es lineal, donde Y toma un valor constante e igual a cero cuando $x = 0$. Es decir $E(Y/x) = \beta x$. Determinar β por el método de mínimos cuadrados. Para analizar el efecto que sobre la temperatura corporal tiene una determinada manta térmica usada en los rescates de montaña, se midió el incremento de la temperatura de la zona central del cuerpo y la de la piel en 10 personas a -10 °C con una velocidad del viento de 2,7 ms^{-1}, durante 25 minutos cada 5 minutos. Los promedios de los resultados aparecen en la siguiente tabla:

Tiempo	5 m	10 m	15 m	20 m	25 m	30 m
Zona central	0,07	−0,07	−0,13	−0,17	−0,27	−0,38
Piel	−2,81	−3,53	−4,08	−4,53	−4,92	−5,17

1. Representar los datos de la temperatura en un sistema de coordenadas cartesianas.
2. Proponer un modelo para los datos, explicando las razones de la elección.
3. Estimar los parámetros del modelo escogido.
4. Calcular los incrementos de temperatura predichos para los seis tiempos utilizados en el estudio.

Solución:

Sean las n observaciones:

x :	$x_1, x_2, \ldots, x_n$
y :	$y_1, y_2, \ldots, y_n$

El valor de β será el que minimice la expresión:

$$\Phi(\beta) = \sum_{i=1}^{n} (y_i - \beta x_i)^2,$$

por lo tanto, se ha de cumplir que:

$$\frac{\partial \Phi}{\partial \beta} = -2 \sum_{i=1}^{n} (y_i - \beta x_i) x_i = 0$$

$$\hat{\beta} = \frac{\sum_{i=1}^{n} x_i y_i}{\sum_{i=1}^{n} x_i^2}.$$

1. Representación gráfica de las temperaturas. En el eje de abscisas representamos el incremento en la piel, y en el eje de ordenadas, el incremento en el centro (figura 2).

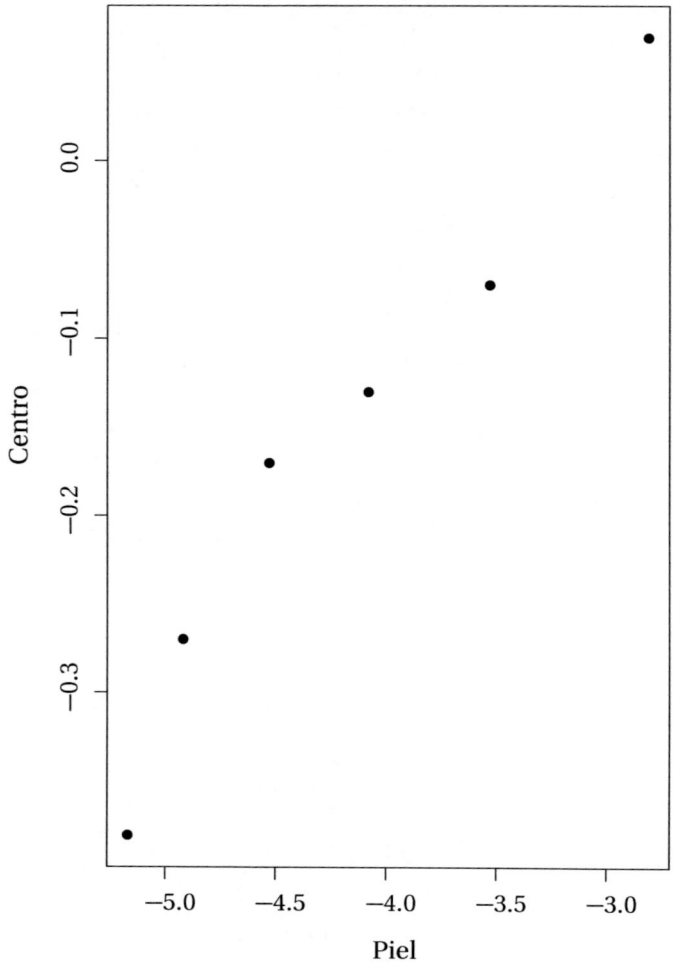

Figura 2. Relación incremento piel-incremento centro.

2. A medida que aumenta la temperatura en la piel es mayor, en el centro también lo es. Cuando el incremento en la piel es cero, en el centro también lo es (figura 2).

Se puede proponer el modelo:

$$\Delta T(\text{centro}) = \beta \Delta T(\text{piel}).$$

3.

$$\hat{\beta} = \frac{\sum_{i=1}^{n} x_i y_i}{\sum_{i=1}^{n} x_i^2} = 0{,}04282.$$

4. A incremento en piel $-2.81°$: $0.04282 * (-2.81) = -0.1203154$. A $-3.53°$: -0.1511435. A $-4.08°$: -0.1746928. A $-4.53°$: -0.1939604. A $-4.92°$: -0.2106590. A $-5.17°$: -0.2213632.

Zona central observada	0,07	−0,07	−0,13	−0,17	−0,27	−0,38
Zona central predicha	−0,1203	−0,1511	−0,1747	−0,1940	−0,2107	−0,2213
Piel	−2,81	−3,53	−4,08	−4,53	−4,92	−5,17

Resolución en «R»

Entrada de datos

Piel < −c(-2.81, -3.53, -4.08, -4.53, -4.92, -5.17)

Centro < −c (0.07, -0.07, -0.13, -0.17, -0.27, -0.38)

Significación del modelo lineal

reg1 < −lm(Centro ~ Piel-1)

summary(reg1)

Representación gráfica

plot(Piel,Centro,xlab="Piel",ylab="Centro",pch=19)

Intervalo de confianza para la predicción al nivel del 0,95

confint(reg1,level=0.95)

Predicciones

newdata < −data.frame(Piel=c(-2.81, -3.53, -4.08, -4.53, -4.92, -5.17))

predict(reg1, newdata, interval='prediction',level = 0.95)

Intervalos de confianza para la media

predict(reg1, newdata)

Problema 3

En la síntesis de las materias primas que se utilizan en la fabricación de medicamentos se dejan residuos que determinan su pureza. Se obtuvo una muestra de diez lotes de materias primas cuya pureza x fue medida antes de procesar el fármaco. La eficacia Y del medicamento fabricado es una variable aleatoria cuya realización es y. Los resultados son:

x: pureza	4,0	5,6	2,4	5,0	3,3	5,7	2,6	5,3	4,5	4,8
y: eficacia	9,2	10,3	8,9	10,1	9,3	10,2	9,3	10,8	9,9	9,3

Se propone como modelo que relaciona x e Y a: $y = E(Y/x_i) = \alpha_0 + \beta(x_i - \bar{x})$.

Dibujar un diagrama y analizar si el modelo es aceptable con un nivel de significación de 0,05.

Estimar por mínimos cuadrados la recta de regresión que relaciona *pureza* y *eficacia* e interpretar ambos parámetros.

Solución:

Representación gráfica de los datos (figura 3).

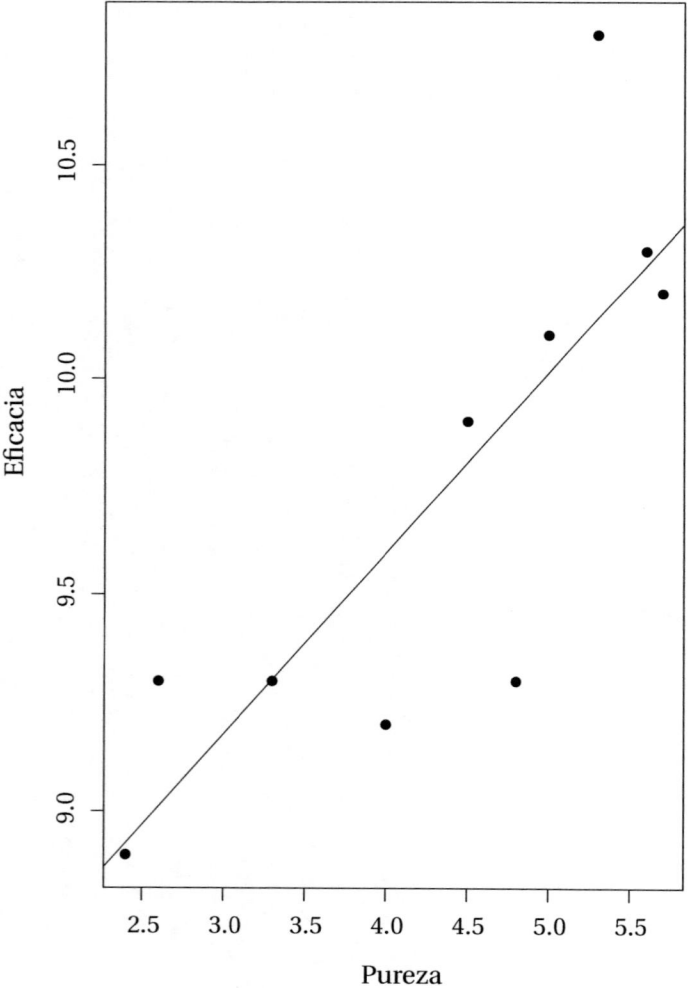

Figura 3. Relación eficacia-pureza.

$$r = \dfrac{\dfrac{1}{n}\sum_{i=1}^{n} x_i y_i - \left(\dfrac{1}{n}\sum_{i=1}^{n} x_i\right)\left(\dfrac{1}{n}\sum_{i=1}^{n} y_i\right)}{\sqrt{\dfrac{1}{n}\sum_{i=1}^{n} x_i^2 - \bar{x}^2}\sqrt{\dfrac{1}{n}\sum_{i=1}^{n} y_i^2 - \bar{y}^2}} = 0,8206477$$

$$t = \sqrt{n-2}\,\dfrac{r}{\sqrt{1-r^2}} = 4,062, \ n = 10.$$

Al consultar la tabla de la T de Student con 8 g.l., se tiene: $p(|T| > 3,3554) = 0,01$. Puesto que $|4,062| > 5,408$, podemos aceptar que a un nivel de significación del 1%, existe relación lineal entre *eficacia* y *pureza*. Es decir, el modelo es aceptable.

$$b = \dfrac{\dfrac{1}{n}\sum_{i=1}^{n} x_i y_i - \left(\dfrac{1}{n}\sum_{i=1}^{n} x_i\right)\left(\dfrac{1}{n}\sum_{i=1}^{n} y_i\right)}{\dfrac{1}{n}\sum_{i=1}^{n} x_i^2 - \bar{x}^2} = 0,4183.$$

Por otra parte, $\bar{y} = E(Y/\bar{x}) = \alpha_0 + \beta(\bar{x} - \bar{x}) = \alpha_0 = 9,73$.

Así, α_0 es el promedio de las impurezas y β es lo que se incrementa la efectividad por unidad de impureza:

$$y = \alpha + \beta x, \ y' = \alpha + \beta(x+1) = \alpha + \beta x + \beta, \ y' - y = \beta.$$

Resolución en «R»

Entrada de datos

Pureza < −c (4.0, 5.6, 2.4, 5.0, 3.3, 5.7, 2.6, 5.3, 4.5, 4.8)

Eficacia < −c (9.2, 10.3, 8.9, 10.1, 9.3, 10.2, 9.3, 10.8, 9.9, 9.3)

Significación del modelo lineal

reg1 < −lm(Eficacia Pureza)

summary(reg1)

Representación gráfica

plot(Pureza,Eficacia,xlab="Pureza",ylab="Eficacia",pch=19) abline(lm(Eficacia Pureza))

Cálculo del coeficiente de correlación de Pearson y nivel de significación

cor(Pureza, Eficacia)

cor.test(Pureza, Eficacia)

Problema 4

En un laboratorio se mide la *Tasa de Respiración (T.R.)* en moles de $O_2/(g \cdot min)$ del liquen *Parmelia saxatilis*, bajo puntos de goteo con un recubrimiento galvanizado, y el contenido en Zn del agua que cae sobre el liquen. Los resultados son:

Zn	2414	10693	11682	12560	2464	2607	16205	2005	1825
T.R.	71	53	55	48	69	84	21	68	68

1. Representar los datos en un sistema de coordenadas.
2. Calcular la recta de regresión estimada que relaciona ambas variables y dibujarla en el diagrama anterior.
3. Analizar la adecuación del modelo con un nivel de significación de 0,05.
4. Estimar la *Tasa de Respiración* cuando el contenido de Zn sea Zn = 5000.

Solución:

1. Representación gráfica de los datos (figura 4).

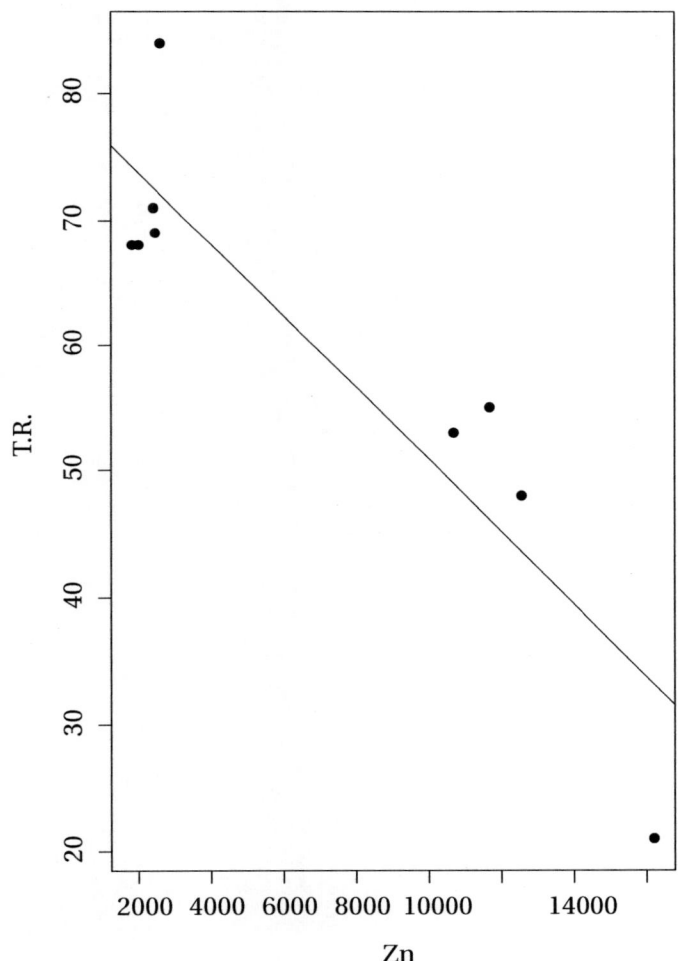

Figura 4. Relación Tasa de Respiración-Zn.

2.

$$b = \frac{\dfrac{1}{n}\sum_{i=1}^{n} x_i y_i - \left(\dfrac{1}{n}\sum_{i=1}^{n} x_i\right)\left(\dfrac{1}{n}\sum_{i=1}^{n} y_i\right)}{\dfrac{1}{n}\sum_{i=1}^{n} x_i^2 - \bar{x}^2} = -0{,}0028552, \quad a = \bar{y} - b\,\bar{x} = 79{,}4800547.$$

3.

$$r = \frac{\dfrac{1}{n}\sum_{i=1}^{n} x_i y_i - \left(\dfrac{1}{n}\sum_{i=1}^{n} x_i\right)\left(\dfrac{1}{n}\sum_{i=1}^{n} y_i\right)}{\sqrt{\dfrac{1}{n}\sum_{i=1}^{n} x_i^2 - \bar{x}^2}\sqrt{\dfrac{1}{n}\sum_{i=1}^{n} y_i^2 - \bar{y}^2}} = -0{,}9018766$$

$$t = \sqrt{n-2}\,\frac{r}{\sqrt{1-r^2}} = -5{,}5236, \quad n = 9.$$

Al consultar la tabla de la T de Student con 7 g.l., se tiene: $p(|T| > 5{,}408) = 0{,}001$. Puesto que $|5{,}5236| > 5{,}408$, podemos aceptar que a un nivel de significación del 0,1 %, existe relación lineal entre *Tasa de respiración* y Zn. Es decir, el modelo es aceptable.

4. Para Zn = 5000, la *T.R.* será:

$$T.R. = 79{,}4800547 - 0{,}0028552 * 5000 = 65{,}20414.$$

Resolución en «R»

Entrada de datos

x < −c(2414, 10693, 11682, 12560, 2464, 2607, 16205, 2005, 1825)

y < −c(71, 53, 55, 48, 69, 84, 21, 68, 68)

Representación gráfica

plot(x,y,xlab="Zn",ylab="T.R.",pch=19) abline(lm(y ~ x))

Significación del modelo lineal

reg1< −lm(y ~ x) summary(reg1)

Cálculo de la correlación Pearson y nivel de significación

cor(x,y)

cor.test(x,y)

Predicción

newdata < −data.frame(x=c(5000)) predict(reg1, newdata)

Problema 5

Representar gráficamente una muestra de tamaño 5 de una variable aleatoria bivariante cuyas componentes tengan como coeficiente de correlación −1.

En la siguiente tabla aparecen los valores de la tasa de metabolismo basal (*BMR*), medida en kcal/24 h y el peso corporal en kg de 12 mujeres seleccionadas al azar de edades comprendidas entre 20 y 30 años.

Kg(x)	53	67	69	77	55	71	50	58	73	64	76	62
BMR (y)	752	939	915	1006	826	947	749	803	914	849	947	861

1. Representar gráficamente los datos expresados y proporcionar una interpretación de la relación entre peso y BMR.
2. Calcular el coeficiente de correlación lineal y analizar su significación.

Solución:

Si (X, Y) es una variable aleatoria bivariante con coeficiente de correlación −1 entre sus componentes, una muestra de tamaño 5 puede ser la siguiente:

Kg (x)	53	67	69	77	55
BMR ($y = -3x + 2$)	−157	−199	−205	−229	−163

Representación gráfica de los datos (figura 5):

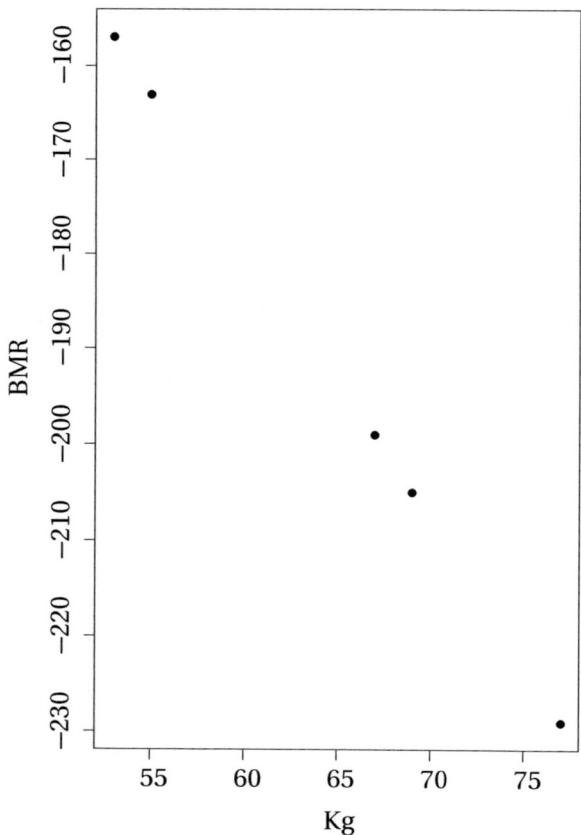

Figura 5. Relación BMR-Peso.

Los valores de *BMR* son estrictamente combinación lineal del *Peso*.

1. Representación gráfica de los datos (figura 6).

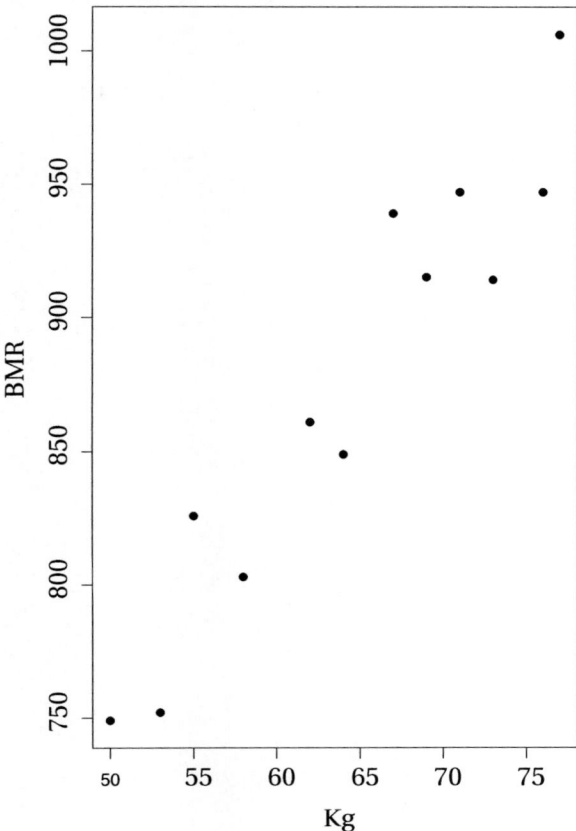

Figura 6. BMR-Peso.

2.

$$r = \frac{\frac{1}{n}\sum_{i=1}^{n} x_i y_i - \left(\frac{1}{n}\sum_{i=1}^{n} x_i\right)\left(\frac{1}{n}\sum_{i=1}^{n} y_i\right)}{\sqrt{\frac{1}{n}\sum_{i=1}^{n} x_i^2 - \bar{x}^2}\sqrt{\frac{1}{n}\sum_{i=1}^{n} y_i^2 - \bar{y}^2}} = 0,9520609.$$

$$t = \sqrt{n-2}\,\frac{r}{\sqrt{1-r^2}} = 9,8418,\ n = 12.$$

Al consultar la tabla de la T de Student con 10 g.l., se tiene: $p(|T| > 5,408) = 0,001$. Puesto que $|9,8418| > 5,408$, podemos aceptar que a un nivel de significación del 0,1%, existe relación lineal entre *BMR* y *peso*. Es decir, hay una relación lineal entre *BMR* y *peso*.

Resolución en «R»

Entrada de datos

x < −c(53, 67, 69, 77, 55)

y < −c(-157, -199, -205, -229, -163)

Representación gráfica

plot(x,y,xlab="Kg.",ylab="BMR.",pch=19)

abline(lm(y~x))

Entrada de datos

x < −c(53, 67, 69, 77, 55, 71, 50, 58, 73, 64, 76, 62)

y < −c(752, 939, 915, 1006, 826, 947, 749, 803, 914, 849, 947, 861)

Representación gráfica

plot(x,y,xlab="Kg.",ylab="BMR.",pch=19)

abline(lm(y~x))

Cálculo de la correlación Pearson y nivel de significación

cor(x,y)

cor.test(x,y)

Problema 6

El modelo de desintegración de una sustancia radiactiva viene dado por la expresión: $N = N_0 \exp(-\alpha t)$, donde N_0 y α son constantes. Con estos datos, tomados de una experiencia simulada:

t	2	4	6	8	10
N	9,04	8,12	7,4	6,65	5,88

1. Estimar los valores de las constantes N_0 y α.
2. Justificar que el modelo escogido es apropiado.
3. Calcular la cantidad de sustancia radiactiva esperada en el tiempo $t = 5$.
4. ¿En qué instante la sustancia radiactiva es de $N = 7,75$?

Solución:

1. Teniendo en cuenta que:

$$N = N_0 \exp(-\alpha t) \Rightarrow \ln N = \ln N_0 - \alpha t$$

$$-\hat{\alpha} = \frac{\frac{1}{5}\sum_{i=1}^{5} t_i \ln N_i - \frac{1}{5}\sum_{i=1}^{5} t_i \frac{1}{5}\sum_{i=1}^{5} \ln N_i}{\frac{1}{5}\sum_{i=1}^{5} t_i^2 - \left(\frac{1}{5}\sum_{i=1}^{5}\right)^2} = -0{,}052996$$

$$\ln \hat{N}_0 = \frac{1}{5}\sum_{i=1}^{5} \ln N_i - (-\hat{\alpha})\frac{1}{5}\sum_{i=1}^{5} t_i = 2{,}310704$$

$$\hat{N}_0 = \exp(2{,}310704) = 10{,}08152$$

t	2	4	6	8	10
$\ln N$	2,201659	2,094330	2,001480	1,894617	1,771557

2. Valoremos el ajuste:

$$r = \frac{\frac{1}{5}\sum_{i=1}^{n} t_i \ln N_i - \left(\frac{1}{5}\sum_{i=1}^{n} t_i\right)\left(\frac{1}{5}\sum_{i=1}^{5} \ln N_i\right)}{\sqrt{\frac{1}{5}\sum_{i=1}^{n} t_i^2 - (\bar{t})^2}\sqrt{\frac{1}{5}\sum_{i=1}^{n} \ln N_i^2 - (\bar{\ln N})^2}} = -0{,}9988816$$

$$t = \sqrt{n-2}\frac{r}{\sqrt{1-r^2}} = -36{,}592, \ n = 5.$$

Al consultar la tabla de la T de Student con 3 g.l., se tiene: $p(|T| > 5{,}408) = 0{,}01$. Puesto que $|-36{,}592| > 5{,}408$, podemos aceptar que a un nivel de significación del 1%, el modelo propuesto es adecuado.

3. Como

$$\ln N = \ln N_0 - \alpha t$$

A tiempo $t = 5$, $\ln N(5) = \ln 10{,}08152 - (-0{,}052996)5 = 2{,}045724$; por lo tanto $N(5) = \exp(2{,}045724) = 7{,}73476$.

4. Despejando t del modelo, tenemos:

$$t = \frac{\ln N - \ln N_0}{\alpha} = \frac{\ln 7{,}75 - \ln 10{,}08152}{-0{,}052996} = 4{,}962850056.$$

Resolución en «R»

Entrada de datos

t <− c (2, 4, 6, 8, 10)

N <− c (9.04, 8.12, 7.4, 6.65, 5.88)

Transformación lineal

lN <− log(N)

lN

Cálculo de parámetros

lm<−lm(lN~t)

summary(lm)

N0 <− exp(2.310704)

N0

Estudio del ajuste

Cálculo de la correlación Pearson y nivel de significación

cor(lN,t)

cor.test(lN,t)

Predicción

new <− data.frame(t=c(5))

y<− predict(lm, new, y='prediction')

y<−c(y)

N<−exp(y)

N

Problema 7

Con el objeto de estudiar la relación entre las condiciones ambientales y el número de parásitos de una determinada especie, se hizo un recuento de los parásitos en 15 localizaciones con diversas condiciones ambientales. Los datos obtenidos fueron los siguientes:

	Temperatura (t)	Humedad (h)	Radiación UV (u)	Recuento (r)
1	15	70	6	156
2	16	65	5,5	157
3	24	71	2,5	177
4	13	64	6,5	145
5	21	84	3,5	197
6	16	86	5,5	184
7	22	72	3,5	172
8	18	84	5	187
9	20	71	4	157
10	16	75	1	169
11	28	84	1,4	200
12	27	79	1,5	193
13	13	80	6,5	167
14	22	76	3,5	170
15	23	88	3	192

1. Representar gráficamente, en un diagrama, las variables *Recuento* y *Temperatura*.

2. Si

$$x = \frac{t - 10}{5}, \quad y = r - 100,$$

calcular el coeficiente de correlación entre x e y (r_{xy}) y compararlo con el coeficiente de correlación entre t y r (r_{tr}). Comprobar que coinciden.

3. ¿Cuál de las variables, h o u, es más apropiada para pronosticar r?

Solución:

1. Representación gráfica del recuento de *recuento de parásitos* y *temperatura* (figura 7).

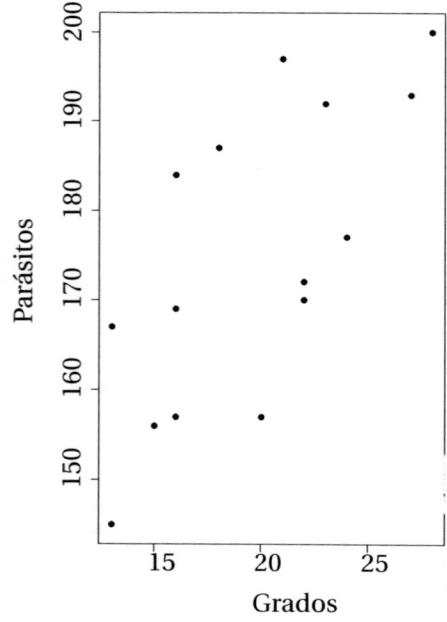

Figura 7. Relación temperatura-recuento.

2.

$$r = \frac{\frac{1}{n}\sum_{i=1}^{n} x_i y_i - \left(\frac{1}{n}\sum_{i=1}^{n} x_i\right)\left(\frac{1}{n}\sum_{i=1}^{n} y_i\right)}{\sqrt{\frac{1}{n}\sum_{i=1}^{n} x_i^2 - \bar{x}^2}\sqrt{\frac{1}{n}\sum_{i=1}^{n} y_i^2 - \bar{y}^2}} = 0{,}6967744$$

$$r' = \frac{\frac{1}{n}\sum_{i=1}^{n} t_i r_i - \left(\frac{1}{n}\sum_{i=1}^{n} t_i\right)\left(\frac{1}{n}\sum_{i=1}^{n} r_i\right)}{\sqrt{\frac{1}{n}\sum_{i=1}^{n} t_i^2 - \bar{t}^2}\sqrt{\frac{1}{n}\sum_{i=1}^{n} r_i^2 - \bar{r}^2}} = 0{,}6967744$$

3.

$$h = \frac{\frac{1}{n}\sum_{i=1}^{n} h_i r_i - \left(\frac{1}{n}\sum_{i=1}^{n} h_i\right)\left(\frac{1}{n}\sum_{i=1}^{n} r_i\right)}{\sqrt{\frac{1}{n}\sum_{i=1}^{n} h_i^2 - \bar{h}^2}\sqrt{\frac{1}{n}\sum_{i=1}^{n} r_i^2 - \bar{r}^2}} = 0{,}8597143$$

$$u = \frac{\frac{1}{n}\sum_{i=1}^{n} u_i r_i - \left(\frac{1}{n}\sum_{i=1}^{n} u_i\right)\left(\frac{1}{n}\sum_{i=1}^{n} r_i\right)}{\sqrt{\frac{1}{n}\sum_{i=1}^{n} u_i^2 - \bar{u}^2}\sqrt{\frac{1}{n}\sum_{i=1}^{n} r_i^2 - \bar{r}^2}} = -0{,}5797476$$

Dado que | 0,8597143 |>| −0,5797476 |, la variable *Humedad* es más apropiada que la variable *Radiación* para pronosticar la variable *Recuento*.

Resolución en «R»

Entrada de datos

r <— c(156, 157, 177, 145, 197, 184, 172, 187, 157, 169, 200, 193, 167, 170, 192)

t <— c (15, 16, 24, 13, 21, 16, 22, 18, 20, 16, 28, 27, 13, 22, 23)

h <— c(70, 65, 71, 64, 84, 86, 72, 84, 71, 75, 84, 79, 80, 76, 88)

u <— c(6, 5.5, 2.5, 6.5, 3.5, 5.5, 3.5, 5, 4, 1, 1.4, 1.5, 6.5, 3.5, 3)

Representación gráfica

plot(t,r, xlab="grados", ylab="parásitos", pch=19)

Transformaciones

x <— ((t-10)/5)

y <— (r-100)

Correlaciones

cor(x,y)

cor(t,r)

Comparaciones de los coeficientes de correlación

cor(h,r)

cor(u,r)

Problema 8

Con el objeto de valorar la fiabilidad de un determinado glucómetro portátil, se obtuvo la glucemia en sangre venosa en un laboratorio de referencia y, en sangre capilar, con el glucómetro, de 20 pacientes diabéticos en tratamiento. Los resultados fueron los siguientes:

Laboratorio l_i	Glucómetro g_i
175	187
145	157 172
120	134 188
240	251 246 255 268
168	177 213 178
147	159 161 161
199	198 186
124	120 122
233	214

1. Dibujar los datos en un diagrama de puntos.
2. Calcular el coeficiente de correlación entre las variables L y G. Analizar a un nivel de significación del 5% si existe relación lineal entre los valores del laboratorio y el glucómetro.
3. Estimar la recta de regresión que relaciona la G sobre L.

Solución:

1. Representación gráfica de los datos (figura 8).

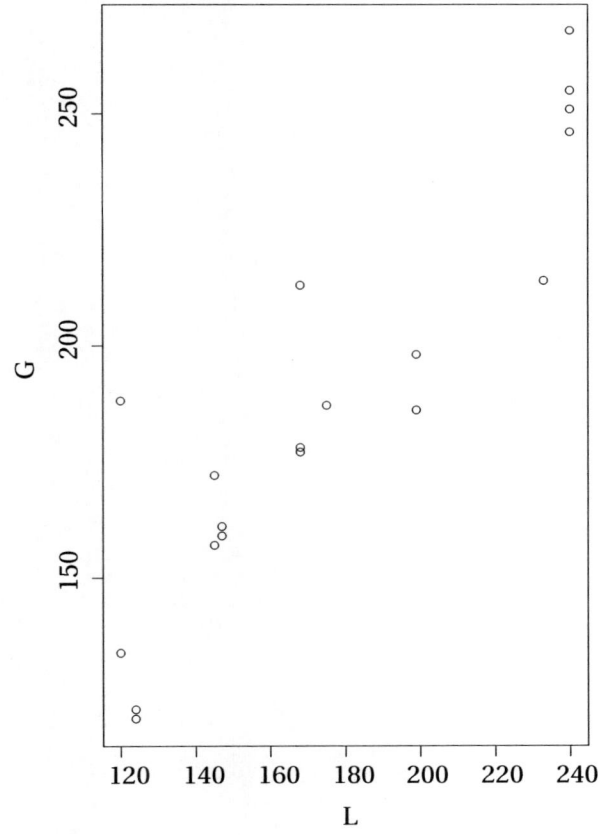

Figura 8. Relación glucómetro-laboratorio.

2.

$$r = \dfrac{\dfrac{1}{n}\sum_{i=1}^{n} l_i g_i - \left(\dfrac{1}{n}\sum_{i=1}^{n} l_i\right)\left(\dfrac{1}{n}\sum_{i=1}^{n} g_i\right)}{\sqrt{\dfrac{1}{n}\sum_{i=1}^{n} l_i^2 - \bar{l}^2}\sqrt{\dfrac{1}{n}\sum_{i=1}^{n} g_i^2 - \bar{g}^2}} = 0.9038$$

$$\sum_{i=1}^{n} l_i g_i = 686287;\ \sum_{i=1}^{n} l_i = 3489;\ \sum_{i=1}^{n} g_i = 3747;\ \sum_{i=1}^{n} l_i^2 = 645617;\ \sum_{i=1}^{n} g_i^2 = 737253;\ n = 20$$

$$t = \sqrt{n-2}\,\dfrac{r}{\sqrt{1-r^2}} = 8{,}9581.$$

Al consultar la tabla de la T de Student con 18 g.l., se tiene: $p(|T| > 2{,}101) = 0{,}05$. Puesto que $|8{,}9581| > 2{,}101$, podemos aceptar que a un nivel de significación del 5%, existe relación lineal entre los valores obtenidos en el laboratorio y el glucómetro.

3.

$$b = \dfrac{\dfrac{1}{n}\sum_{i=1}^{n} l_i g_i - \left(\dfrac{1}{n}\sum_{i=1}^{n} l_i\right)\left(\dfrac{1}{n}\sum_{i=1}^{n} g_i\right)}{\dfrac{1}{n}\sum_{i=1}^{n} l_i^2 - \bar{l}^2} = 0{,}8826,\quad a = \bar{l} - b\,\bar{g} = 33{,}37516$$

$$\text{Glu.} = 33{,}37516 + 0{,}8826 * \text{Lab.}$$

Resolución en «R»

Entrada de datos

L < −c (175.00, 145.00, 145.00, 120.00, 120.00, 240.00, 240.00, 240.00, 240.00, 168.00, 168.00, 168.00, 147.00, 147.00, 147.00, 199.00, 199.00, 124.00, 124.00, 233.00)

G < −c (187.00, 157.00, 172.00, 134.00, 188.00, 251.00, 246.00, 255.00, 268.00, 177.00, 213.00, 178.00, 159.00, 161.00, 161.00, 198.00, 186.00, 120.00, 122.00, 214.00)

Representación gráfica

plot(G L)

Coeficiente de correlación y significación

cor(G,L)

cor.test(G,L)

Recta de regresión

modelo< −lm(G~L)

summary(modelo)

Problema 9

Se compararon, en 12 pacientes con diabetes insulinodependientes que acudieron a un centro de salud, las lecturas de glucosa en muestras de sangre venosa entera y sangre capilar. La siguiente tabla proporciona los valores obtenidos en sangre venosa X y capilar Y, medidos en mg/dl:

$X:$	233	396	464	445	154	263	273	295	181	316	405	416
$Y:$	214	382	423	419	147	242	246	244	200	309	389	339

1. Representar gráficamente los datos expresados.
2. Calcular el coeficiente de correlación lineal entre las variables X e Y y analizar su significación a un nivel de $\epsilon = 0{,}05$.
3. Estimar la recta de regresión de Y/X y de X/Y. Comprobar que el producto de sus pendientes sea el coeficiente de correlación al cuadrado.

Solución:

1. Representación gráfica de los datos (figura 9).

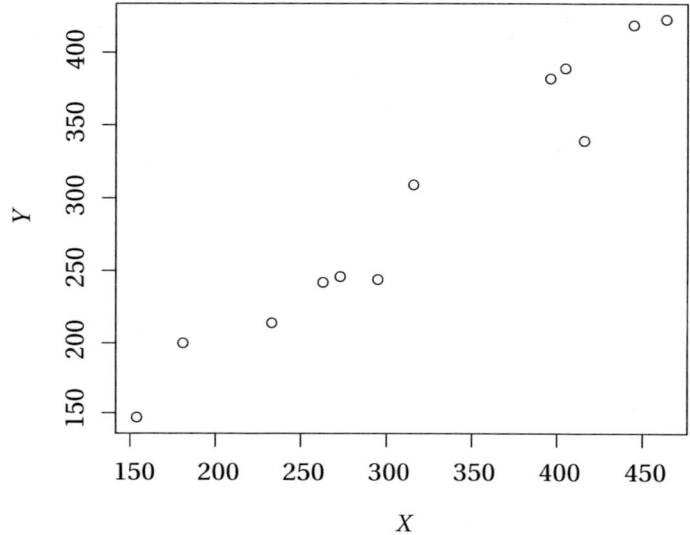

Figura 9. Relación venosa-capilar.

2.

$$r = \frac{\frac{1}{n}\sum_{i=1}^{n} x_i y_i - \left(\frac{1}{n}\sum_{i=1}^{n} x_i\right)\left(\frac{1}{n}\sum_{i=1}^{n} y_i\right)}{\sqrt{\frac{1}{n}\sum_{i=1}^{n} x_i^2 - \bar{x}^2}\sqrt{\frac{1}{n}\sum_{i=1}^{n} y_i^2 - \bar{y}^2}} = 0{,}975772$$

$$t = \sqrt{n-2}\,\frac{r}{\sqrt{1-r^2}} = 14{,}103, \;\; n = 12.$$

Al consultar la tabla de la T de Student con 10 g.l., se tiene: $p(|T| > 2{,}228139) = 0{,}05$. Puesto que $|14{,}103| > 2{,}228139$, podemos aceptar que a un nivel de significación del 5%, existe relación lineal entre Y y X. Es decir, hay una relación lineal entre glucemia en sangre venosa y capilar.

3. Las rectas de regresión de Y/X y de X/Y son, respectivamente:

$$Y = 0{,}87405X + 16{,}39663 \quad \text{y} \quad X = 1{,}08933Y - 2{,}53946.$$

El producto de sus pendientes es: $0{,}87405 * 1{,}08933 = 0{,}95213$, igual al coeficiente de correlación al cuadrado: $0{,}9757723^2 = 0{,}95213$.

Resolución en «R»

Entrada de datos

X < −c (233, 396, 464, 445, 154, 263, 273, 295, 181, 316, 405, 416)

Y < −c (214, 382, 423, 419, 147, 242, 246, 244, 200, 309, 389, 339)

Representación gráfica

plot(Y X)

Coeficiente de correlación y significación

r< −cor(X,Y)

cor.test(X,Y)

Rectas de regresión

modelo1< −lm(Y~X)

modelo2< −lm(X~Y)

Pendientes

M1< −summary(modelo1)

m1 < − M1 $ coefficients

p1< −m1[2,1]

M2< −summary(modelo2)

m2< −M2 $ coefficients

p2< −m2[2,1]

Producto de pendientes y el cuadrado de coeficiente de correlación

p1*p2

r*r

Problema 10

Para analizar el efecto de la turbidez del agua sobre el crecimiento bacteriano, se midió el contenido de bacterias M en una bahía como log(UFC/100 ml), a distintas profundidades D en metros que oscilaban entre 0 y 10. Profundidad D, Contenido bacteriano $M = \log(UFC/100 \text{ ml})$. Los resultados fueron los siguientes:

D	0	1	2	3	4	5	6	7	8	9
M	1,00	1,02	1,14	1,27	2,27	2,45	3,42	3,51	3,52	3,55

1. Representar gráficamente estos datos mediante un diagrama de dispersión.
2. Calcular el coeficiente de correlación muestral. Analizar, a un nivel de significación del 1%, si existe relación lineal entre la distancia y el log(UFC/100 ml). Interpretar los resultados obtenidos.
3. Estimar la recta de regresión que relaciona la distancia con el log(UFC/100 ml).
4. Calcular el cuadrado del residuo (suma de los cuadrados de las diferencias entre el valor observado y el proporcionado por el modelo).
5. A partir del modelo, calcular cuánto varía el log(UFC/100 ml). cuando D se incrementa en una unidad.
6. ¿Qué conclusiones se desprenden del estudio?

Solución:

1. Representación gráfica de los datos (figura 10).

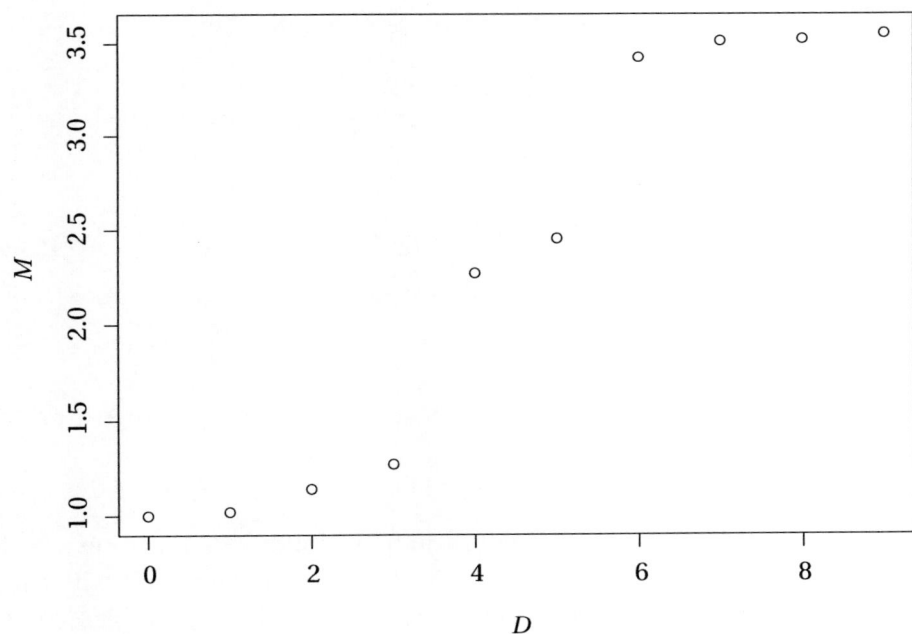

Figura 10. Relación log (UFC/100 ml)-distancia.

2.

$$r = \frac{\frac{1}{n}\sum_{i=1}^{n} x_i y_i - \left(\frac{1}{n}\sum_{i=1}^{n} x_i\right)\left(\frac{1}{n}\sum_{i=1}^{n} y_i\right)}{\sqrt{\frac{1}{n}\sum_{i=1}^{n} x_i^2 - \bar{x}^2}\sqrt{\frac{1}{n}\sum_{i=1}^{n} y_i^2 - \bar{y}^2}} = 0,956$$

$$\sum_{i=1}^{n} x_i y_i = 133{,}64; \quad \sum_{i=1}^{n} x_i = 45; \quad \sum_{i=1}^{n} y_i = 23{,}15; \quad \sum_{i=1}^{n} x_i^2 = 285; \quad \sum_{i=1}^{n} y_i^2 = 65{,}118$$

$$n = 10; \; x(\text{Distancia}); \; y\left(\log(UFC/100 \text{ ml.})\right)$$

$$t = \sqrt{n-2} \, \frac{r}{\sqrt{1-r^2}} = 9{,}1663.$$

Al consultar la tabla de la T de Student con 8 g.l., se tiene: $p(|T| > 3{,}3553) = 0{,}01$. Puesto que $|9{,}1663| > 3{,}3553$, podemos aceptar que a un nivel de significación del 1%, existe relación lineal entre la distacia y el $\log(UFC/100 \text{ ml})$.

El coeficiente de correlación es positivo, lo que confirma que a medida que la profundidad aumenta en los 10 primeros metros, también lo hace la concentración de microorganismos. El valor absoluto de t es muy superior al obtenido en las tablas, por lo que podemos considerar que la relación lineal es fuerte.

3.

$$b = \frac{\frac{1}{n}\sum_{i=1}^{n} x_i y_i - \left(\frac{1}{n}\sum_{i=1}^{n} x_i\right)\left(\frac{1}{n}\sum_{i=1}^{n} y_i\right)}{\frac{1}{n}\sum_{i=1}^{n} x_i^2 - \bar{x}^2} = 0{,}3572, \quad a = \bar{y} - b\,\bar{x} = 0{,}7078$$

$$\log(UFC/100 \text{ ml}) = 0{,}7078 + 0{,}3572 * \text{distancia}.$$

4. Al llevar a la ecuación de la recta los valores de la distancia, obtenemos las predicciones para el $\log(UFC/100 \text{ ml})$ que se muestran en la tabla siguiente:

Distancia	0	1	2	3	4	5	6	7	8	9
Predicciones	0,708	1,065	1,422	1,779	2,136	2,494	2,858	3,208	3,208	3,922

El cuadrado del residuo es:

$$R^2 = (1{,}00 - 0{,}708)^2 + (1{,}02 - 1{,}065)^2 + (1{,}14 - 1{,}422)^2 + (1{,}27 - 1{,}779)^2 + (2{,}27 - 2{,}136)^2 +$$

$$+ (2{,}45 - 2{,}494)^2 + (3{,}42 - 2{,}858)^2 + (3{,}51 - 3{,}208)^2 + (3{,}52 - 3{,}208)^2 + (3{,}55 - 3{,}922)^2 = 0{,}913.$$

5.

$$L_0 = 0{,}7078 + 0{,}3572 * D \qquad L_1 = 0{,}7078 + 0{,}3572 * (D+1) \qquad L_1 - L_0 = 0{,}3572.$$

El $L = \log(UFC/100 \text{ ml})$ se incrementa en 0,3572.

6. Dado que la turbidez del agua aumenta con la profundidad en el intervalo de 0 a 10 metros y que el modelo obtenido nos permite afirmar que el número de bacterias se incrementa con la profundidad, podemos concluir que los microorganismos colonizan no solo las partículas de materia orgánica que pueden ser utilizadas directamente como alimento, sino también las partículas inorgánicas, ya que las partículas en suspensión de origen inorgánico que causan la turbidez absorben nutrientes a su superficie y, como consecuencia, los microorganismos encuentran un ambiente nutricional favorable en esta materia en suspensión. Las partículas en suspensión y, por tanto, la turbidez, tienen un efecto sobre el crecimiento microbiano. Por cada unidad que se incrementa la profundidad, el $\log(UFC/100 \text{ ml})$ aumenta 0,3572, que es la pendiente de la recta de regresión.

Resolución en «R»

Entrada de datos

D < −c (0, 1, 2, 3, 4, 5, 6, 7, 8, 9)

M < −c (1.00, 1.02, 1.14, 1.27, 2.27, 2.45, 3.42, 3.51, 3.52, 3.55)

Representación gráfica

plot(M~D)

Coeficiente de correlación y significación

r< −cor(D,M)

cor.test(D,M)

Recta de regresión

modelo< −lm(M~D)

Recta< −summary(modelo)

Recta

Predicciones

newdata< −data.frame(Dist=c(0, 1, 2, 3, 4, 5, 6, 7, 8, 9))

predict(modelo, newdata)

Cuadrado del residuo

modelo$residuals

R2< − Recta$r.squared

R2

Variación del M

Incremento< −(0.70782+0.35715*(D+1))-(0.70782+0.35715*D)

Incremento

Problema 11

Con el fin de cuantificar la relación entre la temperatura y la solubilidad del salitre, se observó la solubilidad del nitrato de sodio en agua a diferentes temperaturas, y se realizaron dos medidas de la solubilidad para cada una de las ocho temperaturas. Los resultados fueron los siguientes:

Temperatura °C	20	30	40	50	60	70	80	90
Solubilidad (g/100 ml)	87; 90	97; 99	99; 102	109; 103	130; 120	136; 130	155; 148	170; 178

1. Representar gráficamente los datos expresados.
2. Para cada temperatura, calcular la media de los valores de los dos valores de solubilidad. Calcular la recta de regresión de la media de las solubilidades en función de la temperatura. Dibujar la recta de regresión en el diagrama de dispersión.
3. Predecir la solubilidad a partir de la recta de regresión a las siguientes temperaturas: i) 15, ii) 25, iii) 100, con un intervalo de confianza del 95%.
4. Con el objeto de mejorar las predicciones de la solubilidad a varias temperaturas en el intervalo de temperaturas entre 20 y 90 °C, se decide realizar otras ocho mediciones de solubilidad. Recomendar, argumentando, las temperaturas a las que se deben realizar estas mediciones

Solución:

1. Representación gráfica de los datos (figura 11).

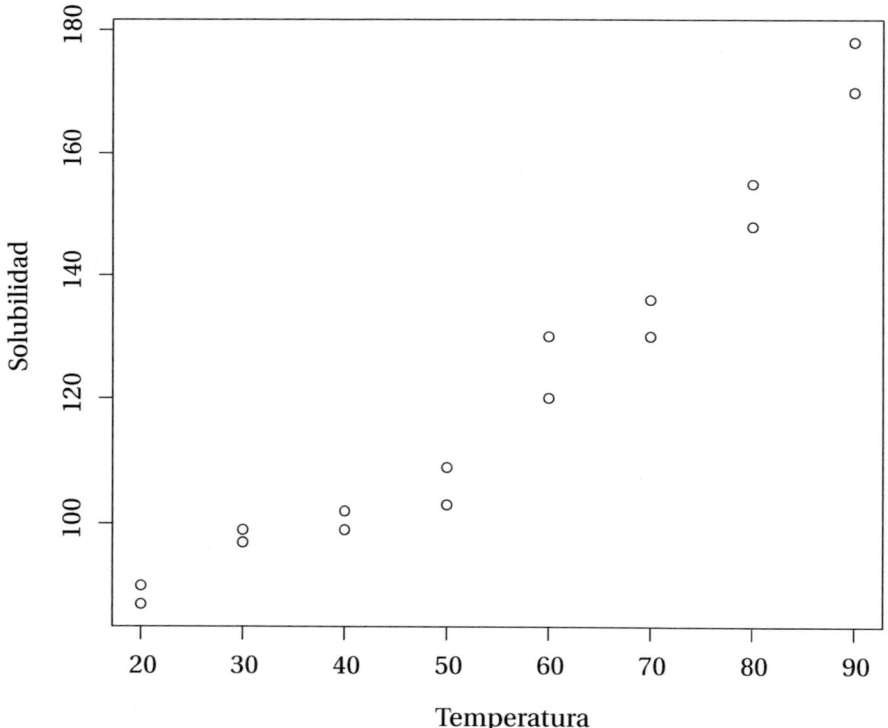

Figura 11. Relación solubilidad-temperatura.

2.

Temperatura °C: x	20	30	40	50	60	70	80	90
Solubilidad (medias): y	88,5	98,0	100,5	106,0	125,0	133,0	151,5	174,0

$$b = \frac{\frac{1}{n}\sum_{i=1}^{n} x_i y_i - \left(\frac{1}{n}\sum_{i=1}^{n} x_i\right)\left(\frac{1}{n}\sum_{i=1}^{n} y_i\right)}{\frac{1}{n}\sum_{i=1}^{n} x_i^2 - \bar{x}^2} = 1.16964 \quad n = 16.$$

$$a = \bar{y} - b\,\bar{x} = 57{,}73214$$

La recta de regresión de solubilidad-temperatura es:

$$\text{Solubilidad} = 0{,}87405; \text{Temperatura} + 57{,}73214$$

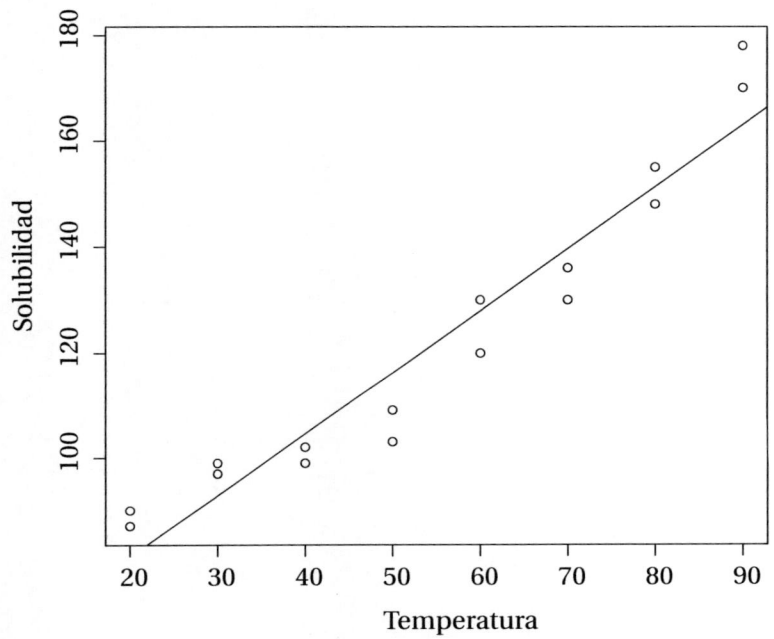

Figura 12. Recta Solubilidad-temperatura.

3. Las predicciones y sus intervalos de confianza aparecen en la siguiente tabla:

Temperatura	Predicción	LWR	UPR	Amplitud
15	75,27679	66,61214	83,94144	17,32930
25	86,97321	79,87778	94,06865	14,19087
100	174,69643	165,20478	184,18808	18,98330

LWR: extremo inferior de la incertidumbre; UPR: extremo superior de la incertidumbre.

4. Puesto que los intervalos más amplios aparecen en los extremos 15 y 100, la incertidumbre mayor tiene lugar en los valores extremos; por lo tanto, para reducir la incertidumbre, es mejor repetir la experiencia en los valores extremos del intervalo de temperaturas, es decir, realizar las experiencias para las temperaturas 20 y 90.

Resolución en «R»

Entrada de datos

Temperatura $<-c$ (20, 20, 30, 30, 40, 40, 50, 50, 60, 60, 70, 70, 80, 80, 90, 90)

Solubilidad $<-c$ (87, 90, 97, 99, 99, 102, 109, 103, 130, 120, 136, 130, 155, 148, 170, 178)

Representación gráfica

plot(Solubilidad~Temperatura)

Cálculo de las medias

unlist(lapply(list(c(87,90), c(97,99), c(99,102), c(109,103), c(130,120), c(136,130),
c(155,148), c(170,178)),mean))

Recta de regresión

modelo$<-$lm(Solubilidad~Temperatura)

Recta$<-$summary(modelo)

Recta

Gráfica de la recta

abline (coef(modelo))

Predicciones

newdata$<-$data.frame(Temperatura=c(15, 25, 100))

predict(modelo, newdata)

Amplitud de la incertidumbre

predict(modelo, newdata, interval='confidence',level = 0.95)

tb=predict(modelo, newdata, interval='confidence',level = 0.95)

cbind(tb , amp = (tb[,3]-tb[,2]))

Problema 12

Para analizar si el coeficiente correlación de rangos es una aproximación al coeficiente de correlación lineal, se analizó la relación que existía entre los niveles salivares de cortisol μ/dl y los valores de Escala de Ansiedad Manifiesta Infantil Revisada (RCMAS) en 12 pacientes con trastorno de ansiedad generalizada (TAG). Los siguientes datos muestran los valores de RCMAS y los valores salivares de cortisol de los 12 niños escogidos de forma aleatoria.

RCMAS: u	34	41	42	43	47	50	53	54	55	58	59	73
cortisol: v	2,39	2,36	2,37	2,34	2,42	2,40	2,49	2,53	2,51	2,52	2,50	2,61

1. Calcular la varianza muestral de RCMAS y de cortisol. Calcular la covarianza de (RCMAS, cortisol) y el coeficiente de correlación lineal entre ambas variables.
2. Calcular el coeficiente de correlación de rangos muestral (Spearman) entre las variables RCMASX y cortisol, y analizar su significación a un nivel de $\epsilon = 0,05$.
3. Interpretar el resultado.

Solución:

1.

$$s^2(u) = \frac{1}{n}\sum_{i=1}^{n} u_i^2 - \bar{u}^2 = 106{,}9318 \quad s^2(v) = \frac{1}{n}\sum_{i=1}^{n} v_i^2 - \bar{v}^2 = 0{,}00709697$$

$$s_{uv} = \frac{1}{n}\sum_{i=1}^{n} u_i v_i - \left(\frac{1}{n}\sum_{i=1}^{n} u_i\right)\left(\frac{1}{n}\sum_{i=1}^{n} v_i\right) = 0{,}7881818$$

$$r = \frac{\frac{1}{n}\sum_{i=1}^{n} u_i v_i - \left(\frac{1}{n}\sum_{i=1}^{n} u_i\right)\left(\frac{1}{n}\sum_{i=1}^{n} v_i\right)}{\sqrt{\frac{1}{n}\sum_{i=1}^{n} u_i^2 - \bar{u}^2}\sqrt{\frac{1}{n}\sum_{i=1}^{n} v_i^2 - \bar{v}^2}} = 0{,}9047664.$$

2. Ordenamos de menor a mayor las observaciones de RCMAS y cortisol, y les asignamos su rango. Calculamos las diferencias entre rangos y sus cuadrados:

RCMAS	1	2	3	4	5	6	7	8	9	10	11	12
cortisol	4	2	3	1	6	5	7	11	9	10	8	12
d	−3	0	0	3	−1	1	0	−3	0	0	3	0
d^2	9	0	0	9	1	1	0	9	0	0	9	0

$$r_s = 1 - \frac{6\sum_{i=1}^{n} d_i^2}{n(n^2-1)} = 0{,}8671329.$$

Se considera que ρ_s (coeficiente de correlación de Spearman) es distinto de cero a nivel de significación $\epsilon = 0,05$, cuando $r_s > 0,503$ en muestras de tamaño 12.

3. Existe una relación directa entre el estrés infantil y la secreción de cortisol.

Resolución en «R»

Entrada de datos

RCMAS $<-c$ (34, 41, 42, 43, 47, 50, 53, 54, 55, 58, 59, 73)

cortisol $<-c$ (2.39, 2.36, 2.37, 2.34, 2.42, 2.40, 2.49, 2.53, 2.51, 2.52, 2.50, 2.61)

Representación gráfica

plot(Solubilidad~Temperatura)

Correlación

U = RCMAS

V = cortisol

var(U)

var(V) cov(U,V)

Coeficientes de correlación de Pearson

rp$<-$cor(U,V)

rp

Coeficientes de correlación de Spearman y significación estadística

rs$<-$cor(U,V, method="spearman")

cor.test(U,V, method="spearman")

Problema 13

Explicar por qué se recomienda dibujar un diagrama de dispersión para interpretar el coeficiente de correlación calculado para una muestra de una distribución bivariante.

Dibujar diagramas de dispersión aproximados que indiquen lo siguiente:

- Una muestra bivariante que tenga un coeficiente de correlación próxima a cero pero que exista una fuerte relación entre las dos variables de la distribución bivariante.
- Una muestra bivariante que no tenga una relación lineal entre las dos variables de la distribución pero que tengan un coeficiente de correlación de Spearman de +1.

Se supone que existe una correlación positiva entre el porcentaje de pseudomonas resistente a la penicilina y el consumo de antimicrobianos medidos en DDD (dosis diaria definida) por 1000 personas/día. La Organización para la Cooperación y el Desarrollo Económicos (OCDE) proporciona la siguiente tabla, que informa acerca del DDD/1000 habitantes/día y el porcentaje de pseudomonas resistentes a la penicilina en una muestra aleatoria de 13 países:

País	1	2	3	4	5	6	7	8	9	10	11	12	13
Porcentaje	8	11	13	15	16	17	20	22	25	26	27	30	35
DDD	1	3	4	10	18	19	30	32	15	15	29	50	42

1. Representar los datos en un sistema de coordenadas y, a partir de él, argumentar conclusiones previas del estudio.
2. Calcular el coeficiente de correlación y comprobar si es diferente de cero a nivel de significación $\epsilon = 0,05$.

Solución:

Se recomienda realizar un diagrama de los datos, porque gracias a él se puede apreciar la relación lineal entre las dos variables a analizar, así como el sentido de la relación, creciente o decreciente.

- Función $y = \sqrt{1 - x^2}$. El coeficiente de correlación de Pearson entre x, y es cero y la relación es funcional (figura 13).

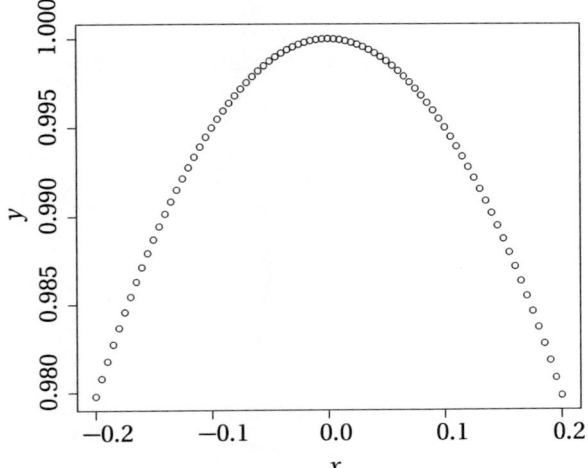

Figura 13. Relación funcional con correlación lineal nula.

- Función $z = x^3$. El coeficiente de correlación de Spearman es 1 y la relación entre x, z no es lineal (figura 14).

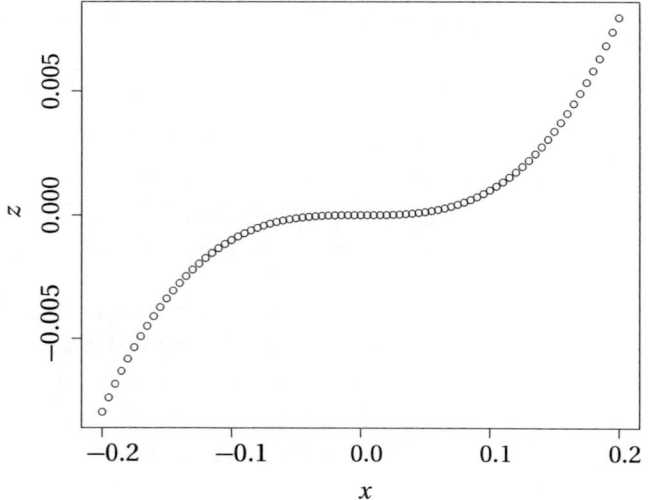

Figura 14. Relación funcional no lineal con correlación de rangos 1.

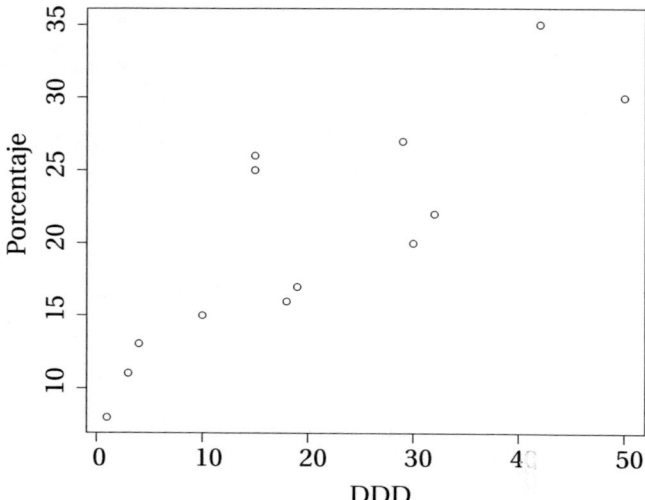

Figura 15. Dosis diaria definida-porcentaje pseudomonas resistentes.

A medida que la dosis diaria definida aumenta, el porcentaje de pseudomonas resistentes se incrementa de forma lineal (figura 15).

$$r = \frac{\frac{1}{n}\sum_{i=1}^{n} x_i y_i - \left(\frac{1}{n}\sum_{i=1}^{n} x_i\right)\left(\frac{1}{n}\sum_{i=1}^{n} y_i\right)}{\sqrt{\frac{1}{n}\sum_{i=1}^{n} x_i^2 - \bar{x}^2}\sqrt{\frac{1}{n}\sum_{i=1}^{n} y_i^2 - \bar{y}^2}} = 0{,}8361138 \quad n = 13$$

$$t = \sqrt{n-2}\,\frac{r}{\sqrt{1-r^2}} = 5{,}0552, \quad n = 13.$$

Al consultar la tabla de la T de Student con 11 g.l., se tiene: $p(|T| > 2{,}200985) = 0{,}05$. Puesto que $|5{,}0552| > 2{,}200985$, podemos aceptar que a un nivel de significación del 5%, existe relación lineal entre *porcentaje de pseudomonas resistentes* y *DDD*.

Resolución en «R»

Generación de datos y representaciones gráficas

x <− seq(from=-0.2,to=0.2,by=0.005)

x

y <- c(sqrt(1-x^2))

plot(x,y)

z<−c(x^3)

plot(x,z)

Correlación

Coeficientes de correlación de Pearson y significación estadística

rp<−cor(x,y)

rp

cor.test(x,y)

Coeficiente de correlación de Spearman y significación estadística

rs<−cor(x,z, method="spearman")

rs

cor.test(U,V, method="spearman")

Entrada de datos

Porcentaje<− c(8, 11, 13, 15, 16, 17, 20, 22, 25, 26, 27, 30, 35)

DDD<− c(1, 3, 4, 10, 18, 19, 30, 32, 15, 15, 29, 50, 42)

Representación gráfica

plot(Porcentaje~DDD)

Coeficiente de correlación

x=Porcentaje

y= DDD

r<−cor(x,y)

r

cor.test(x,y)

Cálculo de la región crítica

a=qt(0.975, 11)

$(-\infty, -a)\mathrm{U}(a,+\infty)$

Problema 14

Las edades y tallas de 9 niños varones se muestran en la siguiente tabla:

Niño	A	B	C	D	E	F	G	H	I
Edad meses (x)	0	3	6	9	12	15	18	21	24
Talla cm (y)	50,3	60	67	72	76	79	82,5	83,5	88

1. Calcular el coeficiente de correlación entre la edad y las tallas. Dar una interpretación.
2. Calcular la recta de regresión de las tallas en función de la edad. Interpretar las estimaciones de los parámetros, ordenadas en el origen y pendiente.
3. Estimar el valor medio de las tallas de los niños de 1 año y el intervalo de confianza al 95% de este valor.

   Un pediatra que no conoce las tallas de estos 9 niños los ordena atendiendo a su velocidad de crecimiento en orden creciente (de menos a más velocidad de crecimiento), de la siguiente manera:

$$A, \quad C, \quad E, \quad B, \quad G, \quad D, \quad I, \quad F, \quad H$$

4. Calcular el coeficiente de correlación de Spearman entre la ordenación del pediatra y la ordenación verdadera.
5. Analizar si existe alguna correlación entre ambas ordenaciones a nivel de significación $\epsilon = 0{,}05$. ¿Qué conclusión se obtiene de este último resultado?

Solución:

1.

$$r = \frac{\frac{1}{n}\sum_{i=1}^{n} x_i y_i - \left(\frac{1}{n}\sum_{i=1}^{n} x_i\right)\left(\frac{1}{n}\sum_{i=1}^{n} y_i\right)}{\sqrt{\frac{1}{n}\sum_{i=1}^{n} x_i^2 - \bar{x}^2}\sqrt{\frac{1}{n}\sum_{i=1}^{n} y_i^2 - \bar{y}^2}} = 0{,}9697532 \quad n = 9.$$

El coeficiente de correlación es positivo; por lo tanto, a medida que aumenta la edad, también lo hace la talla. Al ser próxima a 1, la relación es aproximadamente lineal.

2.

$$b = \frac{\frac{1}{n}\sum_{i=1}^{n} x_i y_i - \left(\frac{1}{n}\sum_{i=1}^{n} x_i\right)\left(\frac{1}{n}\sum_{i=1}^{n} y_i\right)}{\frac{1}{n}\sum_{i=1}^{n} x_i^2 - \bar{x}^2} = -0{,}0028552, \quad a = \bar{y} - b\,\bar{x} = 1{,}441 \quad n = 9.$$

Representa el incremento de la talla por mes.

$$a = \bar{y} - b\,\bar{x} = 55{,}858$$

Representa la talla tras el nacimiento.

3. Para edad $= 12$, la talla será:

$$\text{Talla} = 55{,}858 + 1{,}441 * 12 = 73{,}14444.$$

La estimación del valor de la media de la distribución de las tallas, para una edad de 12 meses, es 73,14444, con un intervalo de confianza, aplicando la la fórmula del intervalo de confianza de media al 95%, de $I = (70,63428 \div 75,65461)$.

4.

$$r_s = 1 - \frac{6\sum_{i=1}^{n} d_i^2}{n(n^2 - 1)} = 0,7833333 \quad n = 9.$$

5. Para $n = 9$ si $r_s > 0,6$ a nivel de significación de $\epsilon = 0,05$, $\rho_s \neq 0$.

Dado que $r_s = 0,7833333 > 0,6$, existe una correlación positiva entre la ordenación del pediatra y la verdadera.

Resolución en «R»

Entrada de datos

Edad < —c(0, 3, 6, 9, 12, 15, 18, 21, 24)

Talla < —c(50.3, 60, 67, 72, 76, 79, 82.5, 83.5, 88)

Correlación

x=Edad

y= Talla

r< —cor(x,y)

r

Recta de regresión

modelo< —lm(y~x)

summary(modelo)

Predicción. Intervalo de confianza de la predicción

newdata< —data.frame(x=12)

predict(modelo, newdata, interval='confidence',level = 0.95)

Entrada de datos

velocidad< —c(1, 4, 2, 6, 3, 8, 5, 9, 7)

v=velocidad

Correlación de Spearman y significación

rs< —cor(x,v, method="spearman")

rs

cor.test(x,v, method="spearman")

Problema 15

Siete medicamentos están preparados con las siguientes cantidades (en mg el principio activo y en g el excipiente):

Medicamento	1	2	3	4	5	6	7
Principio activo mg	120	84	102	112	62	208	160
Excipiente g	53	36	47	52	42	58	62

1. Calcular los coeficientes de correlación de Pearson y de Spearman entre los pesos del principio activo y el excipiente.
2. Realizar la prueba estadística apropiada para establecer la conclusión sobre el coeficiente de correlación de rangos, indicando la hipótesis nula y el nivel de significación de la prueba.

Solución:

Cuando las variables analizadas son continuas u ordinales pero no varían de forma proporcional se utiliza la correlación de Spearman.

1. Los coeficientes son:

$$r = \frac{\frac{1}{n}\sum_{i=1}^{n} x_i y_i - \left(\frac{1}{n}\sum_{i=1}^{n} x_i\right)\left(\frac{1}{n}\sum_{i=1}^{n} y_i\right)}{\sqrt{\frac{1}{n}\sum_{i=1}^{n} x_i^2 - \bar{x}^2}\sqrt{\frac{1}{n}\sum_{i=1}^{n} y_i^2 - \bar{y}^2}} = 0,8249421 \quad n = 7$$

$$r_s = 1 - \frac{6\sum_{i=1}^{n} d_i^2}{n(n^2 - 1)} = 0,9285714 \quad n = 7.$$

Dado que r_s es superior a 0,714, el valor de las tablas para la regresión de Spearman en muestras de tamaño 7, a nivel de significación 0,05, podemos concluir que, en la fabricación de medicamentos, cuanta más cantidad de principio activo se utiliza, más excipiente se agrega.

2. Para formalizar esta conclusión, hemos realizado el contraste de hipótesis: $H_0 : \rho_s = 0$, $H_1 : \rho_s \neq 0$ ρ_s (coeficiente de correlación de Spearman). Se ha de especificar el nivel de significación, que habitualmente es $\epsilon = 0,05$.

Resolución en «R»

Entrada de datos

principio< —c(120, 84, 102, 112, 62, 208, 160)

excipiente< —c(53, 36, 47, 52, 42, 58, 62)

Correlación de Pearson

x=principio

y= excipiente

cor(x,y)

Correlación de Spearman

rs<-cor(x,y, method="spearman")

rs

Problema 16

Para estudiar la relación entre el grado de conocimiento y su aceptación, se encuestó a algunos usuarios de una farmacia sobre el grado de conocimiento de un fármaco genérico valorado con la siguiente escala (0: Ninguno, 1: Poco, 2: Bueno, 3: Mucho) y el grado de satisfacción valorado con la escala (0: Muy insatisfecho, 1: Insatisfecho, 2: Regular, 3: Satisfecho, 4: Muy satisfecho), obteniendo la siguiente tabla:

Satisfacción		0	1	2	3	4
	0	2	1	0	0	0
Conocimiento	1	1	7	8	5	0
	2	4	11	21	15	19
	3	1	2	18	30	32

1. Calcular el coeficiente de correlación entre las puntuaciones del conocimiento y la satisfacción. Explicar las conclusiones que se obtienen de los resultados.

2. A los usuarios de una farmacia se les pregunta sobre el conocimiento y aceptación de 7 medicamentos ordenándolos de menor a mayor según aceptación y conocimiento, con los siguientes resultados:

Medicamento	A	B	C	D	E	F	G
Conocimiento (rangos)	7	1	4	6	5	3	2
Aceptación (rangos)	7	3	2	4	6	5	1

Calcular el coeficiente de correlación de Spearman entre las valoraciones de esta experiencia.

3. Si se hubiera utilizado el coeficiente de correlación de Pearson para los datos del apartado anterior y el coeficiente de correlación de Spearman para analizar los datos del primer apartado, ¿sería correcto?

Solución:

1. Coeficiente de correlación de Pearson entre las puntuaciones del conocimiento y la satisfacción:

$$r = \frac{\frac{1}{n}\sum_{i=1}^{n_i}\sum_{j=1}^{n_j} f_{ij} x_i y_j - \left(\frac{1}{n_i}\sum_{i=1}^{n_i} f_{i.} x_i\right)\left(\frac{1}{n_j}\sum_{i=1}^{n_j} f_{.j} y_j\right)}{\sqrt{\frac{1}{n_i}\sum_{i=1}^{n_i} f_{i.} x_i^2 - (\frac{1}{n_i}\sum_{i=1}^{n_i} f_{i.} x_i)^2}\sqrt{\frac{1}{n_j}\sum_{i=1}^{n_j} f_{.j} y_j^2 - (\frac{1}{n_j}\sum_{i=1}^{n_j} f_{.j} y_j)^2}} = 0,460258$$

$$x_1 = 0; x_2 = 1; x_3 = 2; x_4 = 3; y_1 = 0; y_2 = 1; y_3 = 2; y_4 = 3; y_5 = 4$$

$$f_{1.} = 3; f_{2.} = 21; f_{3.} = 70; f_{4.} = 83; f_{.1} = 8; f_{.2} = 21; f_{.3} = 47; f_{.4} = 50; f_{.5} = 51$$

$$f_{11} = 2; f_{12} = 1; f_{13} = 0; f_{14} = 0; f_{15} = 0; f_{21} = 1; f_{22} = 7; f_{23} = 8; f_{24} = 5; f_{25} = 0$$

$$f_{31} = 4; f_{32} = 11; f_{33} = 21; f_{34} = 15; f_{35} = 19; f_{41} = 1; f_{42} = 2; f_{43} = 18; f_{44} = 30; f_{45} = 32$$

$$n = \sum_{i=1}^{n_i}\sum_{j=1}^{n_j} f_{ij} = 177.$$

A medida que aumenta el conocimiento sobre el fármaco, también lo hace el nivel de aceptación.

2. Coeficiente de correlación de Spearman:

$$r_s = 1 - \frac{6\sum_{i=1}^{n} d_i^{\,2}}{n(n^2-1)} = 0{,}6785714 \quad n = 7.$$

3. Es de dudoso rigor usar el coeficiente de correlación de Pearson, porque son valoraciones cualitativas subjetivas en ambos casos y, además, hay muchos valores extremos en el primer caso. Para el segundo caso, solo es válida la utilización del coeficiente de correlación de Spearman.

Resolución en «R»

Entrada de datos

Se especifica el número de filas y columnas. Se recupera la matriz por filas

tb<−matrix (c(2,1,0,0,0,1,7,8,5,0,4,11,21,15,19,1,2,18,30,32), 4,5,byrow=T)

Se da nombre a las filas y columnas

rownames(tb) <− c("0", "1", "2","3")

colnames(tb) <− c("0", "1", "2","3","4") f <− function(tb)

x <−y <− c() for(i in as.character(0:3))

for(j in as.character(0:4))

x <− c(x, rep(i, tb[i, j]))

y <− c(y, rep(j, tb[i, j]))

x = as.numeric(x)

y = as.numeric(y)

return(list(x,y))

Recuperamos las dos secuencias

datos <− data.frame(f(tb))

colnames(datos) <− c("x", z")

table(f(tb)[[1]], f(tb)[[2]])

cor(datos$x$, $datos$y)

Correlación de Spearman

u<−c(7,1,4,6,5,3,2)

v<−c(7,3,2,4,6,5,1)

cor(u,v, method="spearman")

Problema 17

Una determinada empresa de seguros analizó la relación entre la edad en años de sus asegurados y el coste de su gasto farmacéutico en euros. La siguiente tabla proporciona los datos de 10 asegurados seleccionados de forma aleatoria.

Asegurado	A	B	C	D	E	F	G	H	I	J
Edad, X:	65	28	35	80	50	26	45	76	29	87
Gasto, Y:	109	24	39	180	63	27	29	61	34	42

1. Calcular el coeficiente de correlación lineal entre las variables *Edad* y *Gasto*.
2. Calcular el coeficiente de correlación lineal de rangos (Spearman) entre las variables *Edad* y *Gasto*.
3. A nivel de significación del 5%, comprobar que la ordenación de los rangos está relacionada linealmente.

Solución:

1.

$$r = \frac{\frac{1}{n}\sum_{i=1}^{n} x_i y_i - \left(\frac{1}{n}\sum_{i=1}^{n} x_i\right)\left(\frac{1}{n}\sum_{i=1}^{n} y_i\right)}{\sqrt{\frac{1}{n}\sum_{i=1}^{n} x_i^2 - \bar{x}^2}\sqrt{\frac{1}{n}\sum_{i=1}^{n} y_i^2 - \bar{y}^2}} = 0{,}611816.$$

2.

Asegurado	A	B	C	D	E	F	G	H	I	J
Edad, X:	7	2	4	9	6	1	5	8	3	10
Gasto, Y:	9	1	5	10	8	2	3	7	4	6
D:	−2	1	−1	−1	−2	−1	2	1	−1	4

$$\sum_{i=1}^{10} d_i^2 = 34$$

$$r_s = 1 - \frac{6\sum_{i=1}^{n} d_i^2}{n(n^2-1)} = 0{,}7939394 \quad n = 10.$$

3. Al consultar la tabla de valores críticos de dos colas a un nivel de significación del 5%, vemos que $r_s = 0{,}7939394$ es mayor que el valor de la tabla $0{,}648$, por lo que concluimos que existe una relación lineal entre los rangos de *Edad* y *Gasto*, es decir, a más edad, más gasto.

Resolución en «R»

Entrada de datos

x< −c(65, 28, 35, 80, 50, 26, 45, 76, 29, 87)

y< −c(109, 24, 39, 180, 63, 27, 29, 61, 34, 42)

Correlación de Pearson

cor(x,y)

Correlación de Spearman y prueba de significación

cor(x,y, method="spearman")

cor.test(x,y, method="spearman")

Problema 18

¿Qué significa que el coeficiente de correlación lineal sea independiente de la escala de medida?

Diez jóvenes de entre 15 y 24 años en fase inicial de atención psicológica ambulatoria por problemas generales de salud mental contestaron a los cuestionarios de escala de depresión y de ansiedad, cuyos resultados aparecen en la siguiente tabla:

Joven	1	2	3	4	5	6	7	8	9	10
Ansiedad: x	25	18	30	32	43	17	36	43	27	21
Depresión: y	23	15	26	21	32	17	23	35	20	22

1. Calcular el coeficiente de correlación de Pearson entre las puntuaciones de ambos cuestionarios.
2. Calcular el coeficiente de correlación de Spearman entre las puntuaciones de ambos cuestionarios y comprobar a nivel de significación del 1% que, según el coeficiente de correlación de Spearman, existe correlación entre los resultados de ambos test.
3. Discutir la utilización de ambos coeficientes de correlación para analizar estos datos.

Solución:

Si se multiplican las variables por una constante, aunque sean diferentes para cada variable, el coefiente de correlación no varía.

1. Correlación de Pearson:

$$r = \frac{\frac{1}{n}\sum_{i=1}^{n} x_i y_i - \left(\frac{1}{n}\sum_{i=1}^{n} x_i\right)\left(\frac{1}{n}\sum_{i=1}^{n} y_i\right)}{\sqrt{\frac{1}{n}\sum_{i=1}^{n} x_i^2 - \bar{x}^2}\sqrt{\frac{1}{n}\sum_{i=1}^{n} y_i^2 - \bar{y}^2}} = 0{,}8820228 \quad n = 10.$$

2. Correlación de Spearman:

$$r_s = 1 - \frac{6\sum_{i=1}^{n} d_i^2}{n(n^2 - 1)} = 0{,}804878.$$

Al consultar la tabla de los valores críticos para la correlación de Spearman, vemos que para muestas de tamaño 10 y nivel de significación del 1%, el valor crítico es 0,794. Como $r_s = 0{,}804878$ es mayor que este valor crítico, rechazo la hipótesis nula de que no existe relación entre depresión y ansiedad.

3. Cuando se utiliza el coeficiente de correlación de Pearson, es más fácil rechazar la hipótesis nula que cuando se usa el coeficiente de correlación de Spearman, pero hay que suponer normalidad bivariante, mientras que para emplear el coeficiente de correlación, no se exige que las variables sigan este modelo probabilístico.

Resolución en «R»

Entrada de datos

x<−c(25, 18, 30, 32, 43, 17, 36, 43, 27, 21)

y< −c(23, 15, 26, 21, 32, 17, 23, 35, 20, 22)

Correlación de Pearson

cor(x,y)

Correlación de Spearman y prueba de significación

cor(x,y, method="spearman")
cor.tets(x,y, method="spearman")

Problema 19

Dada la variable aleatoria bivariante (X, Y), cuyas componentes tienen momentos de primer y segundo orden, encontrar los valores de α y β que hacen mínima la expresión:

$$\Phi(\alpha,\beta) = E(Y - \beta X - \alpha)^2.$$

Demostrar que corresponden a un mínimo absoluto.

Solución:

En primer lugar, calculamos los extremos de la función $\Phi(\alpha,\beta)$:

$$\frac{\partial \Phi}{\partial \alpha} = -2E(Y - \beta X - \alpha) = -2[E(Y) - \beta E(X) - \alpha]$$

$$\frac{\partial \Phi}{\partial \beta} = -2E((Y - \beta X - \alpha)X) = -2[E(YX) - \beta E(X^2) - \alpha E(X)].$$

Para determinar los valores de α y β, resolvemos el sistema de ecuaciones (1):

$$-2(E(Y) - \beta E(X) - \alpha) = 0 \iff \alpha + \beta E(X) = E(Y)$$

$$-2(E(YX) - \beta E(X^2) - \alpha E(X)) = 0 \iff \beta E(X^2) + \alpha E(X) = E(YX).$$

Matricialmente, el sistema queda:

$$\begin{pmatrix} 1 & E(X) \\ E(X) & E(X^2) \end{pmatrix} \begin{pmatrix} \alpha \\ \beta \end{pmatrix} = \begin{pmatrix} E(Y) \\ E(YX) \end{pmatrix}. \tag{1}$$

El sistema es compatible determinado, ya que su determinante es:

$$E(X^2) - E^2(X) = var(X) > 0,$$

siendo las soluciones:

$$\alpha = E(Y) - \frac{cov(X,Y)}{var(X)} E(X)$$

$$\beta = \frac{cov(X,Y)}{var(X)}.$$

Tenemos un punto singular en donde se anulan las derivadas parciales. Vamos a comprobar si corresponde a un máximo, mínimo o de ensilladura.

$$\Phi''(\alpha,\beta) = \begin{pmatrix} 2 & 2E(X) \\ 2E(X) & 2E(X^2) \end{pmatrix} \tag{2}$$

$$\det(\Phi''(\alpha,\beta)) = 4E(X^2) - 4E^2(X) = 4(E(X^2) - E^2(X)) = 4\,var(X) > 0.$$

Los valores propios de la matriz son del mismo signo:

$$tr(\Phi''(\alpha,\beta)) = 2(1 + E(X^2)) > 0,$$

por lo tanto, los valores propios son positivos. Se trata, pues, de un mínimo.

Veamos, a continuación, que es un mínimo absoluto.

Sean (α', β') valores distintos de (α, β) obtenidos anteriormente.
$\alpha' = \alpha + u, \beta' = \beta + v, u, v \neq 0$.

$$
\begin{aligned}
E(\Phi(\alpha', \beta')) - E(\Phi(\alpha, \beta)) &= E((Y - \beta'X - \alpha')^2) - E((Y - \beta X - \alpha)^2) = \\
&= E((Y - (\beta + v)X - \alpha - u)^2) - E((Y - \beta X - \alpha)^2) = \\
&= E((Y - \beta X - \alpha) - (vX + u))^2) - E((Y - \beta X - \alpha)^2) = \\
&= E((Y - \beta X - \alpha) - (vX + u))^2 - (Y - \beta X - \alpha)^2)) = \\
&= E((Y - \beta X - \alpha)^2 + (vX + u)^2 - 2(Y - \beta X - \alpha)(vX + u) - (Y - \beta X - \alpha)^2)) = \\
&= E((vX + u)^2 - 2(Y - \beta X - \alpha)(vX + u)) = \\
&= E((vX + u)^2 - 2v(XY - \beta X^2 - X\alpha) - 2u(Y - \beta X - \alpha)) = \\
&= E((vX + u)^2) - 2v(E(XY) - \beta E(X^2) - \alpha E(X)) - 2u(E(Y) - \beta E(X) - \alpha) =
\end{aligned}
$$

Pero por el sistema de ecuaciones (1):

$$
E(XY) - \beta E(X^2) - \alpha E(X) = 0
$$

$$
E(Y) - \beta E(X) - \alpha = 0.
$$

Por lo tanto:

$$
E(\Phi(\alpha', \beta')) - E(\Phi(\alpha, \beta)) = E((vX + u)^2 = (vE(X) + u)^2 > 0
$$

para cualquier α', β'. $E(\Phi(\alpha', \beta')) > E(\Phi(\alpha, \beta))$, por lo que α, β es un mínimo absoluto.

Problema 20

Paradoja de Simpson o efecto Yule-Simpson. Sean X e Y dos variables aleatorias definidas en dos poblaciones π_1 y π_2 incorrelacionadas que se distribuyen del siguiente modo: $X/\pi_i \sim N(\mu_i, \sigma)$, $Y/\pi_i \sim N(\mu_i', \sigma')$, $i = 1,2$, siendo las proporciones de π_1, π_2, p y q respectivamente.

1. Demostrar que el coeficiente de correlación lineal en la población unión $\pi_1 \cup \pi_2$ puede ser distinto de cero.
2. Interpretar gráficamente este resultado.

Solución:

1. En la población $\pi_1 \cup \pi_2$:

$$\rho = \frac{cov(X,Y)}{\sqrt{var(X)var(Y)}}$$

$$cov(X,Y) = E(XY) - E(X)E(Y) =$$

$$= pE(XY/\pi_1) + qE(XY/\pi_2) - (pE(X/\pi_1) + qE(X/\pi_2)(pE(Y/\pi_1) + qE(Y/\pi_2).$$

Al estar X e Y incorrelacionadas en π_1, π_2:

$$E(XY/\pi_i) = E(X/\pi_i)E(Y/\pi_i).$$

Por lo tanto:

$$
\begin{aligned}
cov(X,Y) &= p\mu_1\mu_1' + q\mu_2\mu_2' - (p\mu_1 + q\mu_2)(p\mu_1' + q\mu_2') = \\
&= p\mu_1\mu_1' + q\mu_2\mu_2' - p^2\mu_1\mu_1' - pq\mu_1\mu_2' - pq\mu_2\mu_1' - pq\mu_2\mu_2' = \\
&= p(1-p)\mu_1\mu_1' + q(1-q)\mu_2\mu_2' - pq(\mu_1\mu_2' + \mu_2\mu_1') = \\
&= pq(\mu_1\mu_1' + \mu_2\mu_2' - \mu_1\mu_2' - \mu_2\mu_2' = \\
&= pq(\mu_1 - \mu_2)(\mu_1' - \mu_2').
\end{aligned}
$$

Teniendo en cuenta que en $\pi_1 \cup \pi_2$ $var(X) > 0$, $var(Y) > 0$,

$$\rho = \frac{cov(X,Y)}{\sqrt{var(X)}\sqrt{var(Y)}} = 0.$$

Cuando:

a) $p = 1 \vee q = 1 \vee \{\mu_1 = \mu_2 \wedge \mu_1' = \mu_2'\}$. En estos casos tendríamos una única población.

b) $\{\mu_1 = \mu_2 \wedge \mu_1' \neq \mu_2'\} \vee \{\mu_1 \neq \mu_2 \wedge \mu_1' = \mu_2'\}$ anula $cov(X,Y)$.

2. Interpretación gráfica:

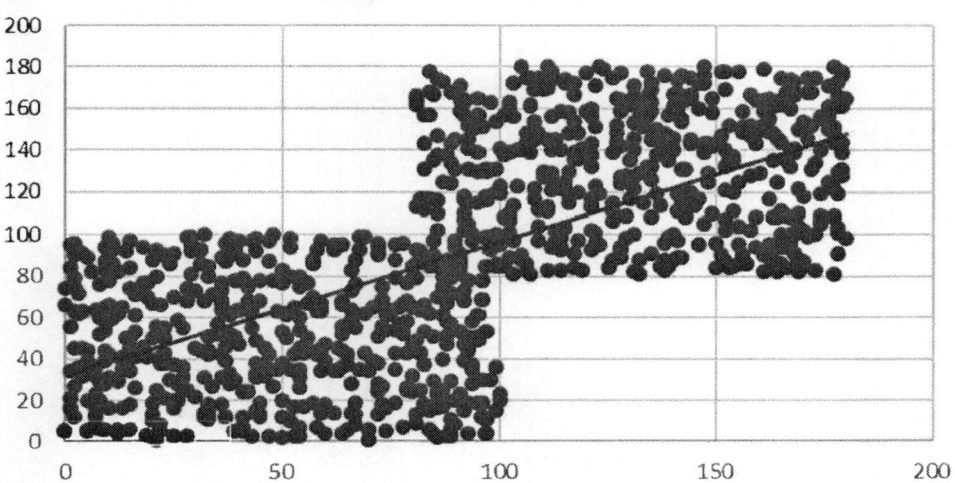

Figura 16. Pendiente positiva y variables independientes.

La correlación es cero en las poblaciones representadas por los rectángulos, pero deja de ser cero si juntamos las dos poblaciones.

Tabla de valores de coeficientes de correlación de Spearman seleccionados para niveles de significación $p = 0,05$, $p = 0,01$. El coeficiente de correlación se considera distinto de cero si su estimación es mayor que el valor de la tabla.

n	$p = 0,05$	$p = 0,01$		n	$p = 0,05$	$p = 0,01$
5	1	-		18	0,475	0,625
6	0,886	1		19	0,450	0,604
7	0,786	0,929		20	0,447	0,591
8	0,738	0,881		21	0,436	0,576
9	0,700	0,833		22	0,425	0,562
10	0,648	0,794		23	0,416	0,542
11	0,618	0,785		24	0,407	0,537
12	0,587	0,777		25	0,398	0,521
13	0,560	0,733		26	0,390	0,515
14	0,538	0,715		27	0,383	0,502
15	0,521	0,674		28	0,375	0,496
16	0,503	0,665		29	0,368	0,485
17	0,488	0,638		30	0,362	0,478

BIBLIOGRAFÍA

CUADRAS, C.M. (1999). «Problemas de Probabilidades y Estadística». Vol. 1. *Probabilidades.* Barcelona: Edicions de la Universitat de Barcelona.

CUADRAS, C.M. (1999). «Problemas de Probabilidades y Estadística». Vol. 2. *Inferencia Estadística.* Barcelona: Edicions de la Universitat de Barcelona.

NEWELL, J., AITCHISON, T. y GRANT, S. (2010). *Statistics for Sports and Exercise Science.* 2.ª ed. Essex: Pearson.

PEARSON, K., LEE, A. y BRAMLEY-MOORE, L. (1899). «Genetic (reproductive) election: Inheritance of fertility in man». *Philosophical Translations of the Royal Statistical Society* Ser. A, 173: 534-539.

RÍOS, D. y CUBEDO, M. (2014). *Regresión Lineal Simple para el Deporte y el Ejercicio. Textos docentes.* Barcelona: Edicions de la Universitat de Barcelona.

SENN, S. (2007). *Statistical Issues in Drug Development.* 2.ª ed. Chichester: John Wiley and Sons.

UPTON, G. y COOK, I. (2001). *Introducing Statistics.* 2.ª ed. Oxford: Oxford University Press.